Nora Watteck
Alltag ohne Wiederkehr

Nora Watteck

Alltag ohne Wiederkehr

Bergbauernleben vor einem halben Jahrhundert

Redaktion
Reinhard Schmid

VERLAG ANTON PUSTET

Gesamtherstellung: Salzburger Druckerei
Umschlagentwurf: Robert Bittner
ISBN 3-7025-0289-0

INHALT

Vorwort

In jedem Leben gibt es leichte, aber auch belastende Zeitabschnitte. Liegen sie erst einmal hinter uns, so vermögen wir in beiden, den hellen wie den düsteren Tagen, Positives zu erkennen – weil wir dann die großen Zusammenhänge klarer durchschauen und das Erlebte als weniger persönlich empfinden und mehr als Anteil am damaligen zeitlichen Geschehen. Damit geht auch das Schwere in den Bildreichtum einer vergangenen Epoche über. Was allerdings nichts daran ändert, daß bewegte geschichtliche Abschnitte von uns allen nur mit Schrammen überstanden werden können.

Ziel der folgenden Erinnerungen ist die Aufzeichnung einer heute vergangenen Lebenshaltung und Denkungsart. Ihre Beschreibung bietet das Zeitbild eines geographisch sehr begrenzten Raumes über eine ebenfalls knappe Zeitspanne von nur zehn Jahren – eher also eine Momentaufnahme, die allerdings für sich in Anspruch nehmen kann, ein sehr detailgetreues und facettenreiches Bild von großer Tiefenschärfe zu zeichnen. Es ist zudem ein persönlich gefärbtes und selbstverständlich subjektiv gerahmtes Bild; denn der Besitz einer Almwirtschaft in weit über 1000 Metern Höhe bedeutet ein sehr persönliches Stück Lebensgeschichte, das vielleicht gerade deswegen lohnt, in all seinen unterschiedlichen Aspekten aufgezeichnet und erzählt zu werden.

Salzburg, im Frühjahr 1991 *Nora Watteck*

Einleitung

Als einer im Jahre 1901 Geborenen ist es mir möglich, aus eigenem Erleben auf Zeiten zurückzublicken, die den heute Tätigen nur durch Gehörtes oder Gelesenes zugänglich sind.
So zum Beispiel auch auf die Zeitspanne von 1939 bis 1949, jene zehn Jahre meines Almbesitzes also, deren Schilderung die folgenden Aufzeichnungen zum Inhalt haben.
Hier, in dem wirtschaftlich armen Gebiet der alpinen Randbesiedlung, hatte sich seit Urzeiten eine Lebensart mitsamt ihren Anschauungen noch erhalten, während die „neue Zeit“ in den stadtnahen Gebieten und auf dem flachen Land schon längst begonnen hatte.

Als sich 1938 der politische Anschluß Österreichs an das von der technischen Entwicklung schon viel weiter durchdrungene Deutsche Reich vollzog, kam für diesen Wechsel das bis dahin ganz ungebräuchliche Wort „der Umbruch“ auf. Die volle Bedeutung dieser Bezeichnung und all ihrer Wirkungen sollte man ja erst viel später begreifen.

Um einen Einblick in die politischen Gegebenheiten jener Jahre zu vermitteln, seien hier in kürzester Fassung meine Beweggründe geschildert, eine in 1130 m Seehöhe gelegene Almwirtschaft zu erwerben, sowie die nicht geringen Schwierigkeiten, die es bedeutete, diesen Entschluß auch in die Tat umzusetzen.

Im Jahr 1918, als Siebzehnjährige also, war ich alt genug, um die Folgen des Zusammenbruchs der österreichisch-ungarischen Monarchie zu beobachten – und sie später nicht wieder zu vergessen!

Schon vor dem Anschluß Österreichs 1938 an das Reich konnte man sich aus Zeitungsberichten ein Bild über die „Dynamik“ der dort Waltenden machen. Ab 1938 aber mußte man mit Blindheit geschlagen sein, wenn man all die Vorbereitungen nicht erkannte, die deutlichst auf einen nahen Kriegsausbruch hinwiesen. Dadurch formte sich in mir immer drängender der Wunsch, einen weitab einer Durchzugsstraße gelegenen Grundbesitz zu erwerben, um der Familie eine Zufluchtsmöglichkeit zu geben. Dazu kam als weiteres, sehr persönliches Motiv das Verlangen nach einer starken Inanspruchnahme der körperlichen Kräfte.

Als Sprungbrett für die Realisierung meiner Vorstellungen besaß ich ein 1800 m^2 großes Grundstück in der Salzburger Gemeinde Morzg. In und um die Stadt Salzburg gelegene Wiesen stiegen 1938 stark im Preis, seit der Plan bekanntgeworden war, daß die Stadt zum Standort für das XVIII. Deutsche Heereskommando ausersehen war. Das hatte einen großen Flächenbedarf für die Stationierung von Offiziersfamilien zur Folge. Die Grundstücke auf dem Land waren dagegen im Preis noch nicht gestiegen. Verkaufte man jetzt eine im Stadtbereich liegende Wiese, so war damit die Möglichkeit gegeben, für den Gegenwert eine große Einheit außerhalb zu erwerben.

Nach mehreren Erkundungsausflügen erfuhr ich auf dem Weg nach Krispl von einem zum Verkauf stehenden Anwesen auf dem Spumberg. Es war in trostlosem Zustand, aber die Lage bot eine herrliche Aussicht – und fast eine Viertelmillion Quadratmeter Grund gehörten dazu. Nach der Besichtigung war ich sofort entschlossen, alles daranzusetzen, diesen Flekken zu erwerben.

Jedoch hatte man nach dem Anschluß auch in Österreich die (übrigens voll zu rechtfertigenden) Gesetze eingeführt, daß bäuerlicher Besitz von Nichtbauern nicht gekauft werden durfte, es sei denn, das Anwesen wäre nicht in der Lage, eine Familie zu ernähren.

Obwohl nun dieses Objekt schon seit einem Jahr verkäuflich war, hatte noch niemand den Mut aufgebracht, sich da oben eine Existenz aufbauen zu wollen – lag es doch schon in Almwirtschaftshöhe, die aber wegen des so lange vom Schnee bedeckten Bodens nur einen sommerlichen Zuwirtschaftsbetrieb erlaubte. Um die Existenzchancen für das Gut zu erhöhen, hatte man ihm auch eine Gasthauskonzession erteilt. Die wurde jedoch nur in Form eines sehr bescheidenen Bierausschankes betrieben, da die Zufahrt lediglich in einem steinigen Karrenweg bestand, über den Zulieferungen so gut wie nicht möglich waren.
Wie schon erwähnt, mußte nach dem neuen „Ahnenerbe"-Gesetz für den Erwerb landwirtschaftlichen Bodens die bäuerliche Abstammung nachgewiesen werden. Die fehlte mir jedoch vollkommen, weshalb ich mir ein anderes wirksames Argument für die Gewährung der Erwerbserlaubnis überlegen mußte. Und so machte ich den Vorschlag, dort oben, auf einem dem Wald abgerungenen, kargen Boden, einen Versuchsanbau für Digitalis-Pflanzen (Fingerhut) zu beginnen – und erreichte bei der Landwirtschaftskammer nach monatelangen Vorsprachen tatsächlich die Erlaubnis für den Erwerb (auf kleine optische Hilfsmittel hatte ich dabei durchaus nicht verzichtet, indem ich stets mit Bergschuhen und Lodenbekleidung erschien, um meinem Persönlichkeitseindruck etwas nachzuhelfen). Da ich fest mit einem nahen Kriegsausbruch rechnete, dem ein größerer Heilmit-

telbedarf folgen würde, kam für diesen hochgelegenen Boden nur der Versuch eines Heilpflanzenanbaus in Frage. Der Vorschlag war ungewöhnlich und eröffnete neue Möglichkeiten für karges Gebiet. Zugleich war es eine für die Allgemeinheit nützliche, aber unpolitische Tätigkeit.

Das Kunststück, als Nichtbäuerin einen landwirtschaftlichen Grundbesitz zu erwerben, hatte sich herumgesprochen. Öfters sprachen mich deshalb mir nur vom Sehen bekannte Rechtsanwälte an, die sich erkundigten, wie ich denn diese Erlaubnis erhalten hätte. So zum Beispiel auch Ribbentrops Rechtsberater. Der allmächtige Außenminister hatte zwar Schloß Fuschl aus dem Besitz des Herrn von Remitz, der im KZ starb, einstecken können, aber zum Schloß gehörten auch drei Bauerngüter, wegen deren Übertragung es Schwierigkeiten gab. Ich antwortete bei diesen Anfragen nach einem rechtlichen Ausweg stets dasselbe: „Mir ist das mit dem Digitalisanbau eingefallen, Ihnen muß wohl etwas anderes einfallen!"

Inzwischen war es Februar 1939 geworden; deutlichst zeigte sich nun, welchen kommenden Dingen man in Berlin große Vorsorge widmete. Da dachte man offenbar schon an große, ausgedehnte Dachbrände, denn strenge Dachbodenentrümpelungen bis in das letzte Dorf wurden angeordnet. Bei Alteisensammlungen wurde bis in höchstgelegene Siedlungen alles zusammengetragen, um eingeschmolzen zu werden. Bekannte erzählten mir betroffen von der unglaublichen Fülle an alten Kunstschmiedewerken, die sie da in der Steiermark vor jedem Hof liegen gesehen hatten. Versehentlich wurde im Mai 1939 nach einer internen Besprechung auch im „Salzburger Volksblatt" eine kleingedruckte Benachrichtigung an die Hausfrauen gebracht, die sie aufforderte, Vorräte anzulegen, denn im Herbst könnte es zu Verkehrsstockungen kommen! (Am 1. September 1939 begann der Einmarsch in Polen.)

Der Bericht über den Erwerb eines Grundstückes wäre an sich für Außenstehende belanglos – wenn nicht die geschilderten Nebenumstände bedeutungsvolle Einblicke geben würden, was sich damals politisch anbahnte.

All mein Trachten in dieser Zeit hatte nur der Möglichkeit gegolten, den abgelegenen Grundbesitz erwerben zu können. Als ich schließlich die Erlaubnis erhalten hatte und nun, Mitte Februar 1939, den Militärbehörden mein Morzger Grundstück verkaufen wollte, zeigte man sich nicht mehr kauflustig. Der Leiter jenes Amtes wohnte mir gegenüber in Nonntal. Ich erzählte ihm von meiner Enttäuschung, aber er sagte nur: „Wir kaufen keine Grundstücke mehr."
Das schien mir nun nicht nur persönlich sehr interessant, sondern von allgemeiner Bedeutung zu sein! Ich beschloß daher, im Militär-Bauamt (oder wie es hieß), das im Hotel „Habsburg" untergebracht war, nochmals nachzufragen. Ich erkundigte mich, ob das Desinteresse nur meinem Grundstück gälte oder – wie ich gehört hatte – überhaupt keine Baugründe mehr gekauft würden. Diese Frage an die beiden Offiziere hatte eine unglaubliche Wirkung. Sie erstarrten, und mir schien, sie erbleichten auch. Sofort fragten sie mich, wo ich das gehört hätte. Ich sagte, man erzähle es sich in der Stadt; da die beiden damit das Gespräch abrupt beendeten, war mir klar, daß sie einer strengen Weisung zur Geheimhaltung unterlagen, und erkannte daraus, daß der Termin des Kriegsbeginns näher rückte.

Schließlich fand ich einen privaten Käufer für meine Wiese. Das Angeld für das Bauernanwesen, es betrug 80 Mark, hatte ich schon früher hinterlegt – 30 besaß ich selbst, 50 hatte mir mein Mann geliehen.

Im März 1939 war ich $37^1/_2$ Jahre alt, sehr kräftig und fühlte mich großen Anforderungen gewachsen, ja ich wünschte und brauchte sie. Wie schön und erhebend war für mich am 24. September dieses Jahres das Verweilen am Rupertusgrab in St. Peter in Salzburg. Ich hatte wieder einmal mein Versprechen eingelöst, immer an diesem Tag Blumen an das Grab zu bringen – ein Versprechen, das ich gegeben hatte, als ich 1919 mit den Eltern nach Triest übersiedeln mußte, und das für den Fall galt, daß ich wieder dauernd in Salzburg leben könnte. Eine alte Ansicht der Stadt Salzburg hängt über dem Grab. Diesmal sah ich sie besonders dankbar an, zeigt doch das Bild auch die Berge im Süden der Stadt. Dort oben besaß ich nun Grund und Boden, dort oben würde ich nun leben können. Es war ein unbeschreibliches Gefühl.

Einsame Tage, finstere Nächte

In über 1100 Meter Seehöhe liegt das Stück Land, das nun mein Besitz geworden war. Im Laufe der Jahrhunderte war der Wald bis in immer höhere Lagen hinauf gerodet worden; immer später schmilzt hier im Frühjahr der Schnee und deckt immer früher im Herbst die Felder wieder zu. Reicht der Futterertrag eines Sommers nicht aus, das Vieh den Winter über zu füttern, ist eine Dauerbesiedelung nicht möglich. Die mühsam gerodeten Flächen wurden daher nur sommersüber als Almwirtschaft genützt. Ein mit Steinbrocken übersäter Karrenweg führte da hinauf, zur Zeit der Schneeschmelze überhaupt nicht befahrbar, denn da diente er regelmäßig dem Abfluß des Schmelzwassers. Der allgemeine Skisport war erst im Kommen, der Winter in dieser Höhe daher einsam und menschenleer, doch auch im Sommer begegnete man kaum Ausflüglern. Je höher man vordringt, desto kleiner und niedriger werden die Häuser, von denen damals noch keines über Stromanschluß verfügte: Die Höfe und Hütten lagen daher nächtens im Dunkel der freien Natur.

Saß man am Abend nach getaner Arbeit in der Stube, so hing beim Herd eine kleine Wandpetroleumlampe, und auf dem Tisch stand auf einem spannenhohen, hölzernen Ständer ein kinderfaustgroßes Öllämpchen mit einem nur zentimeterbreiten Docht. Das rotgläserne Hängelicht im Herrgottswinkel erhellte nicht, verbreitete aber im ganzen Raum das Bewußtsein eines außerhalb bestehenden, mystischen Waltens. Seit undenklichen Zeiten war dies die Beleuchtung gewesen, an größerer Helligkeit bestand kein Bedarf, denn Lesen und Schreiben hatten nicht Platz in dieser

Welt. Man ging bald zu Bett, und fast niemand war dann noch auf dem Weg. Hörten die um den spärlich erleuchteten Stubentisch Versammelten aber doch einmal Schritte, die sich dem Hause näherten, stand stets Ungewisses bevor. Man spitzte die Ohren und hielt mit dem Essen inne: Warum kam da noch ein Nachbar – oder war es ein Fremder? Am Klang der Schritte versuchte man den Ankömmling zu erraten, noch bevor er im Türrahmen auftauchte.

Ein großer Unterschied besteht da zwischen den im Tal Lebenden und jenen in der verschneiten Einschicht. Dem einen ist die sickernde Stille, die nur manchmal durch ein reibendes Kettengeräusch aus dem Stall unterbrochen wird, ganz ungestörte Ruhe – der andere empfindet beängstigende Verlassenheit. Die Gegensätzlichkeit eines solchen Hausens zum Leben in der Stadt wird allein schon darin deutlich, daß keine Finsternis das städtische Wohnen umgibt, denn die eingeschaltete Straßenbeleuchtung dringt in jedes Zimmer ein. Irgendwelche Geräusche oder gefürchtete Dunkelheit werden durch das Zuziehen der Fenstervorhänge ausgesperrt. Auch stellt der unablässige Lärm der Vorübergehenden und -fahrenden keine Frage nach dessen Persönlichkeit und Tagwerk. Welch eigene Art des Sich-verlassen-Fühlens entsteht daher in der lauten, städtischen Umwelt!

Die „Hochberger" hingegen leben mit der nächtlichen Dunkelheit, die nur vom matten Licht aus dem Küchenfenster des oft weit entfernten Nachbarhauses durchdrungen wird; sie empfinden die aus einem undurchschaubaren Dunkel kommenden Schicksale, die das Leben bringt. Sie beten vor den Mahlzeiten und zeichnen auf ihre Stirn das Kreuzzeichen. Es ist die Beschwörung gegen das Unheil. Da, wo die Dunkelheit schon in den Stubenecken beginnt, lauert Unberechenbares auch in der ganzen Umwelt! Nicht das Gelesene, sondern das von den Alten Erzählte ist da wirksam. Das elektrische Licht, das jeden Winkel ausleuchtet, saugt alles Magische auf. Aber im dämmerigen Raum hört man vom „Unreim“ (Mißgeschick) eines Nachbarn, dem eine Kuh nach der anderen verwarf oder verendete. Warum hat es ihn getroffen? Bei der damaligen Unkenntnis vom Wirken der Viren und Bazillen dachte man an die Macht böser Wünsche eines Nachbarn. Uralte, ganz irrational wirkende Mittel wurden noch lange Zeit dagegen angewendet.

Man glaube nicht, daß vor einem halben Jahrhundert die Vorstellung von Hexen schon ausgestorben war! In den Gemütern, in den Gedanken und Befürchtungen der Menschen war sie lebendig wie eh und je und wurde erst durch das elektrische Licht aus den nun hell erleuchteten Stuben vertrieben.

Das verlorene Zentrum des Hauses

Die übliche Einteilung der Menschheitsgeschichte vom Stein-, Bronze- und Eisenzeitalter über die Römerherrschaft bis herauf zur Neuzeit läßt sich in einem großen Bogen zusammenfassen; denn durchgehend war immer das lebende Feuer der Mittelpunkt des Hauses.
Als Elektrizität und Treibstoff ihren Siegeszug antraten, ging dieser Mittelpunkt verloren. Die Wärme kommt aus möglichst verkleideten Röhren und ist durch einen Schalter regulierbar. Die heutige Küche gleicht einem weißlackierten Zahnarztambulatorium, von ihren glatten Flächen heben sich wiederum nur die Schalter ab. Die stumm gewordene Familie sitzt um den Fernsehapparat, auch dort von Schaltern umgeben und geregelt. Der Schalter ist zum unumgehbaren Gegenstück des Feuers geworden, das jahrtausendelang im Mittelpunkt der Familie brannte – zuerst in der Wohnhöhle, dann immer noch sichtbar unter der Rauchhaube des Kamins, später durch Kacheln in geordnete, wärmespeichernde Bahnen gezwungen. In rohem Zustand Ungenießbares verwandelte sich da zusehends in brutzelnden, köstlichen Duft verbreitenden Braten. Stangen umgaben den Herd, auf dem die regennassen Kleider trocknen konnten. Dieser Mittelpunkt ist nicht mehr vorhanden. Es wäre absurd, eine Umkehr zu verlangen oder damit einen Vorwurf erheben zu wollen; aber dieser Blickwinkel ist überdenkenswert.

Erst das Zeitalter des Schalters ermöglichte die monströse Zusammenballung der Menschen in den Großstädten. Die kleinste Zelle des Zusammenlebens aber, die Familie – Mutter – Feuer – Herd – hat ihren Mittelpunkt verloren. Jahrtausendelang mußte das Feuer stets geschürt und gewartet werden, damit es nicht verlösche. Dafür war eine Person nötig, die sich immer in seiner Nähe aufhielt.

Die Jugend sucht instinktiv (und findet vielleicht) dieses verlorene Zentrum in Versammlungsräumen und auf Sportplätzen. Eine innere Unruhe treibt sie hinaus. Symbol der Freiheit wird ihnen das selbst entfachte und selbst bediente, knackende Lagerfeuer. Denn zu Hause sorgt ein unpersönliches Gerät für gleichmäßige Temperatur.

Auch in der Bauernstube steht jetzt der Elektroherd, und die arbeitsüberlastete Bäuerin greift zum Schalter. Man hat zwar reichlich Eigenwald und daraus das unverkäufliche Astholz, aber die Kinder haben wenig Freude, es hereinzutragen. Auch der geistig unterbemittelte Einleger, dem früher diese zumutbare Aufgabe zufiel, sitzt längst in einer öffentlichen Anstalt. Holzheizung macht außerdem Mist, auch ist das Aschenausnehmen des Herdes vielen zu umständlich geworden. Die stark angewachsenen Schulaufgaben vermindern ohnehin die köstlichen Stunden auf dem Sportplatz.

Mit dem Feuer aber verschwand auch das Zusammensein mit den Alten in der einzigen warmen Stube des Bauernhauses zur Dämmerstunde. Somit auch die Übermittlung ihrer tradierten Lebensvorstellungen und Naturbeobachtungen. Ihr Kosmos – wenn er auch klein war – kam aus uralten Wurzeln. Mit der Verbannung des lebenden Feuers kam nicht nur die Gleichschaltung in der Wohnung, da ging auch das Bewußtsein verloren, ein mit all den anderen verbundenes Lebewesen zu sein.

Wie deutlich machten sich im alten Bauernhause die Jahreszeiten bemerkbar! Nur die große Stube mit ihrem Herd war gut beheizt. In den übrigen Räumen herrschte im Winter Außentemperatur. Die immer wechselnden Formen der Eisblumen an den meist sehr kleinen Fenstern verhinderten die Sicht nach außen. Gab es Doppelfenster, so legte man Moosplatten dazwischen – eine Wärmedämmung, die zwar nicht viel half, aber auch nichts kostete. Bevor man den Schlafraum aufsuchte, öffnete man eine handspannengroße Öffnung an der Decke, die genau über dem Herd angebracht war. Durch diese stieg warme Luft in das eiskalte Schlafzimmer und milderte wenigstens für den Moment des Zubettgehens den krassen Temperaturunterschied. Da zu nächtlicher Zeit aber niemand Holz im Herd nachlegte, verlosch das Feuer. Nachschub an Wärme war nun nicht mehr zu erwarten. Kindern und Kranken legte man daher einen am Herd erwärmten, in Tücher geschlagenen Ziegelstein ins Bett – und die Kräftigen überlebten. So hatten Geburt und Sterben und all das Leben zwischen diesen Polen ihren Ort rund um das offene Feuer inmitten des Hauses.

Die ersten Nächte

Beim Gedanken an meine erste Nacht in dieser Einsamkeit da oben beschleicht mich noch heute das Gefühl grenzenloser Verlassenheit und eines Übermaßes an Sorgen.

Nachdem ich im März 1939 in Hallein den Kaufvertrag unterzeichnet hatte, erhielt ich den Haustorschlüssel und stieg mit einem Rucksack voller Werkzeug auf – schon da mit ganz anderen Gefühlen als all die Male vorher, wo ich erwerbsbegeistert hinaufgerannt war.
Der Spumberg war noch schneebedeckt, und ich gelangte erst mit Einbruch der Dämmerung an das Haus, das nun mein war. Aber statt Freude und Besitzerstolz überfiel mich nun ein Schauern vor dem ganzen Umfang der Aufgabe.

Aus dem Haus drang kein Lichtschein, finster und kalt stand das völlig herabgekommene Anwesen da. Beim Aufstieg hatte ich noch bei einem Nachbarn warme Milch getrunken, denn oben erwartete mich nichts mehr. Man fragte mich, ob ich denn nicht Angst hätte, dort oben allein zu schlafen. Alle Weibsleute schauderten davor, umso mehr, als es allgemeine Meinung war, in dem Haus gehe es nicht geheuer zu, denn die Vorbesitzerin sei eine Hexe gewesen! Derlei hatte zwar wohl mein Interesse erweckt, aber keinerlei Furcht. Doch als ich aufsperrte, schlug mir die Stille beklemmend entgegen – kein Feuer prasselte im Herd, kein Vieh scharrte im Stall, nichts regte sich. Ich zündete die mitgebrachte Kerze an, deren flakkernder Schein immerhin die liegengelassenen Fetzen, einen schweren Tisch, zwei Sessel und die umlaufenden Bänke erkennen ließ. Daß die Stubentür nicht einmal eiserne Türbänder hatte, sondern mittels alter lederner Schuhoberteile am Türrahmen hing, hatte mich früher als Armutszeugnis eines Bergbauernanwesens lediglich interessiert; jetzt wurde es mir zum Symbol für das, was da bevorstand.

Ich ließ mich auf die Bank sinken und stützte den Kopf in die Hände – ich weiß nicht, wie lange. Wo sollte ich das Geld hernehmen, um nur das allernotwendigste Inventar zu beschaffen? Ich stieg in den oberen Stock mit seinen zwei Zimmern und einem Vorraum (Sojer genannt), wo ein Bettgestell mit einem alten Strohsack stand; sonst nichts. Ein Zimmer war leer, denn die Vorbesitzer hatten ihre zwei Betten mitgenommen. Der andere, größere Raum hatte geldlosen Berggehern als Übernachtungsunterkunft gedient, wo sie fast gratis liegen konnten. Auf vier Schragen, wie sie die Zimmerleute brauchen, lagen ungehobelte Bretter und zwei heugefüllte Polster. Auch gab es da keinen Sessel, wo man die Kerze hätte hinstellen können. Und es war sehr kalt. An ein Ausziehen der Kleider war nicht zu denken, und so setzte ich mich auf den Strohsack und vergrub den Kopf in die Hände wie ein Gefangener, den sein schuldhaftes Tun in diese üble Lage gebracht hatte.

Pechschwarze, mondlose Nacht war um mich. Was hatte ich mir da angefangen? Als großes Beispiel fiel mir der Ölberg ein, wo alle anderen schliefen und nur einer wußte, was ihm bevorstand.

Offenbar war nun Wind aufgekommen, denn nicht nur das Scheunentor, das ganze Haus fing an zu klappern. Der Kamin ächzte, und das bretterne Aborthäuschen klapperte mit – das übrigens im Freien stand und an dessen Benützung wegen des noch verschneiten Zugangs nicht zu denken war. Da kam mir das erstemal zum Bewußtsein, daß ich einen Sprung in das vorrömische Zeitalter der Menschheitsgeschichte gemacht hatte. Wie sollte ich das alles schaffen ohne alle Hilfe? Wußte ich doch, daß mein Mann zwar ein guter Beamter, aber leider völlig ungeeignet zu praktischer, noch dazu schwerer Arbeit war: Im Theresianum erzogen, stand er den Aufgaben der handwerklichen Welt völlig fern und hatte nie ein Werkzeug in die Hand genommen.

Für mich aber galt, daß der Krieg unmittelbar bevorstand. Ein Refugium für die Familie mußte geschaffen werden. Die Kinder waren noch im Schulalter und nicht kräftig genug, mir an die Hand zu gehen. Nirgends war Hilfe. Der Mensch, an den ich viel dachte, war schizophren belastet und verkroch sich oft jahrelang. Nur die eigene Überkraft konnte, bevor sie gefährlich wurde, mit dieser Aufgabe abgebaut werden.

Aber auch diese Nacht ging mit den ersten Sonnenstrahlen des anbrechenden Tages zu Ende. In der Folge begann ich, diese stillen Nächte auf dem Berg mehr und mehr zu genießen – wie ich es ursprünglich auch erwartet hatte.

Doch stieß ich mit dieser meiner Einstellung nicht überall auf ungeteiltes Verständnis. Im Gegenteil: Wie verschieden die Menschen veranlagt sind, kam mir nie so deutlich zu Bewußtsein wie durch die Schwester des Dichters Georg Trakl, Frau Geipl. Da sie eine gute Bekannte meiner Mutter war, lud ich sie einmal ein, mich in meinem Haus auf dem Salzburger Mönchsberg zu besuchen. Sie lehnte entsetzt ab: In das alleinstehende Haus sollte sie gehen? Wo rundherum nur Bäume und Wiesen waren – keine Leute, keine

Beleuchtung? Unmöglich! Nie könne sie auf lebensvolles Getriebe um sie herum verzichten. So öffne sie alle Fenster ihrer ohnedies zentral gelegenen Wohnung (über dem Café Glockenspiel), wenn es die Witterung nur halbwegs erlaube, damit sie die Menschen höre und das Licht voll hereinkönne, womöglich auch die Musik. Sie wolle schön gekleidete Menschen sehen, sie begrüßen und mit ihnen plaudernd an Cafétischen sitzen oder Karten spielen.
Worauf ich nur „hm“ sagte und etwas von einem genauen Gegenteil meiner Vorlieben und Wertvorstellungen murmelte.

War ich zur Sommerszeit am Berg und lag nächtens im Bett, so war nur das gleichmäßige Plätschern des Brunnens vor dem Haus zu hören. Bei Mondschein fiel das Wasser als glitzernder Strahl in den hölzernen Brunnentrog. Links wußte ich die Reihe der uralten Bergahorne, dahinter die Tannenwipfel der Wälder und die unbeweglichen Berge, deren geliebte, immer gleichbleibende Form dem Gemüt so viel Geborgenheit gab. Und in dieser Landschaft gehörte mir ein Stück Boden – war das überhaupt zu fassen? Käuzchenrufe und andere Tierlaute vermittelten das Leben in der Dunkelheit: eigenes Fühlen wurde bedeutungsloser, denn ich empfand mich oft nur noch als ein ganz unwesentliches Lebewesen im allgemeinen Wachstum, das in diesen warmen Sommernächten so fühlbar wurde. Auch das ständig sprudelnde Wasser des Brunnenstrahls verrann ja – genützt oder ungenützt – wieder im Boden.

Erste Eindrücke

Nun begann – was den Spumberg betraf – ein ewiges Auf- und Ablaufen, oft nur an einem Tag, nicht selten aber über mehrere Tage und Nächte. Diese mehrtägige Abwesenheit von zu Hause wurde möglich dank einer Haushaltshilfe, die auch für die Familie kochte.

Zunächst hatte ich das dringendst notwendige Inventar hinaufzubringen und vor allem die Möbel, deren Erwerb ich mir durch Restaurierungsarbeiten ermöglicht hatte und die nun mit dem Botenfuhrwerk bis Adnet angeliefert wurden. Richtschnur war mir ihre Einfachheit und Zugehörigkeit in den Stil um die Mitte des vorigen Jahrhunderts. „Kleinere" Stücke wie Sessel oder ein massives Nachtkastl trug ich selbst hinauf. Und natürlich stets Werkzeug und Nägel und wieder Werkzeug. Beim Aufstieg machte ich da und dort bei einem Anwesen halt, um die Leute kennenzulernen. Sie waren alle freundlich und stellten interessierte bis neugierige Fragen, da sie sich völlig im unklaren waren, was ich denn da oben beginnen wollte.
Ich bin dem Geschick dankbar, daß ich damals noch die würdigen, alten Bauernstuben sah! Ein neuer Geist hat vieles verändert. Wintersüber waren da auch die Hühner in der großen Stube untergebracht. Sie genossen die Wärme und waren vor Füchsen sicher. Ihr Verschlag bekam die Funktion einer Anrichte, auf der Häfen und Geschirr abgestellt wurden. Darüber hing immer ein großer Schüsselkorb, „Faßkorb" genannt, in dem riesige Schüsseln aufgereiht waren – Teller waren unbekannt, denn beim Essen löffelten alle aus einer Schüssel, die in der Mitte des Tisches stand. Da sah man noch Altgmundener Ge-

schirr aus der Zeit der dunkelgrünen Glasur. Die rund um die Stube laufenden Bänke und ein großer Tisch ermöglichten das Beisammensein der ganzen Familie mit dem Gesinde. Fast immer war da noch ein Wandkastl aus der Erbauungszeit zu sehen, in dem Schreibzeug, Rasierzeug und ein Kalender lagen. Auch sah ich in manchem Schlafzimmer im Obergeschoß eine Kommode mit verglastem Aufsatzkastl stehen, voll bunter Kaffeehäferl und den obligaten zwei bauernsilbernen Glasleuchtern, sowie auch färbige Stamperl, die meisten davon mit Aufdruck des Wallfahrtsortes, an dem sie als Andenken erworben worden waren. Die Innenseite der Kastentüren zeigte eine sehr reizvolle Anhäufung von Erinnerungskleinkram wie Brautsträußchen, alte Fotos mit vergoldetem Preßrand, Heiligenbildchen, Stallsegen und Skapuliere, die an alten Bändern hingen. Mit dem Einzug einer jungen Bäuerin, die ihren neuen Kasten mit einbrachte, verschwand dann immer diese Ansammlung alter Erinnerungsstücke, ohne sie aber im neuen Kasten wieder aufzubauen.
Warum nur waren alle Ehebetten so hochbeinig? So hoch, daß man sich kaum darauf setzen konnte. Was das nur für einen Sinn hatte? Statt moderner Bettvorleger lag da meist eine haarige Rehdecke.
Überall sah man noch einen oder mehrere Glasstürze stehen, die sich über friedliche, wächserne Heilige wölbten. Über den kleinen Fenstern befand sich meist auch noch eine Reihe geschenkter „Nobelteller". Und fast immer hing da an der Wand das Foto eines Rekruten aus der Zeit vor dem Ersten Weltkrieg. Darüber war stets das Flittersträußchen angebracht, das er getragen hatte, als man ihn beim Militär „behalten" hatte.
Fast in jedem Hof standen damals noch ein oder zwei alte, bemalte Bauernkästen. Immer waren sie ein-

türig und sehr einfach, während zum Beispiel jene aus dem Oberpinzgau zur gleichen Zeit unendlich reicher ausgestattet waren. Nicht nur, weil sie doppeltürig gebaut wurden, sondern auch viel üppiger und gekonnter bemalt und meist auch noch mit prächtigem Schnitzwerk versehen wurden. Hier aber waren die Bergbewohner immer arme Schlucker gewesen, während jenen im Oberpinzgau der Saumhandel über die Alpenpässe und die Einstell-Tavernen für die nach Bayern Weitertreibenden Bargeldeinnahmen brachten und sie sich daher aufwendigeren Hausrat anschaffen konnten. Mindestens drei solcher eintürigen Kästen sah ich auf dem Spumberg stehen, die in ihrem oberen Feld keine Blumenvase zeigten, sondern einen Lindenbaum, was an der Form der Blätter zu erkennen war. Auch standen überall einfache Truhen in den Vorhäusern, die den Feldertrag bargen.
Damals wäre noch eine Bestandsaufnahme der in bestimmten Gebieten üblichen Bemalung der ländlichen Möbel möglich gewesen. Durch den fast restlosen Verkauf des alten Hausrates ist dies unmöglich geworden.

Schon vor dem Kauf hatte ich mich im Gemeindeamt nach einem Bewirtschafter (Pächter) erkundigt. Da nannte man mir immer nur einen Mann, den man als guten Viehzüchter lobte. Er sei der Sohn eines sehr ehrenwerten, tüchtigen Bauern auf halber Höhe des Spumberges. Da er 17 Geschwister und selbst schon zwei kleine Kinder habe, müsse ihm geholfen werden. Er habe eine kleine Pacht eingegangen und wolle sich nun verbessern, um mehr Vieh einstellen zu können. Ich suchte ihn und seine Familie auf und fand sie in den dürftigsten Verhältnissen. Doch es war schwierig, mit ihnen in Kontakt zu kommen; ständig hätte ich die beiden Kinder bewundern sollen, was mir jedoch für das Aushandeln der Pachtbedingungen nicht wichtig schien. Eine Nachbarin berichtete mir vom Eifer meines künftigen Pächters, zuzügliches Futter aus den abschüssigsten, unzugänglichsten Gräben für sein Vieh herbeizuschaffen – auch von dort, wo sonst niemand mehr hingehe! Dort sammle er das Gras büschelweise in den Buckelkorb, dessen große Last er dann unter ebenso großen Gefahren nach Hause schleppe. Der Mann hatte auf dem absoluten Nullpunkt einer Existenzgründung angefangen, sozusagen nur mit dem Hemd am Leib, denn sein Vater hatte ihm als Abfindung lediglich den Ankauf von zwei Kühen ermöglichen können, das andere waren Einstellkühe, die etwas Pflegegeld einbrachten. Er hatte eine sehr kräftige, arbeitsame Dirn geheiratet, die keinerlei Mitgift brachte, so daß ich, als die beiden als Pächter bei mir einzogen, an Möbeln nur ein breites Bettgestell mit Strohsack und zwei Polstern zu sehen bekam. Ich glaube, daß noch ein Sessel dabei war, doch nicht einmal ein Kleiderbügel war zu sehen. Alles lag auf dem Boden. Wo bestand da noch ein Unterschied zu einer Familiengründung in der Frühzeit der Menschheit? Ein Melkschemel, etwas Stallgeschirr, drei Küchentöpfe und eine Pfanne waren noch auf der Fuhre, die ihre gesamte Habe bildete. Der Pachtschilling wurde ganz niedrig angesetzt: 240 Mark im Jahr, also 20 Mark im Monat, waren auch für damals sehr wenig; zudem durfte sich mein neuer Pächter mehr als 20 m^3 Brennholz für den Eigenbedarf herausschlagen, was für mich gänzlich unkontrollierbar war. Allerdings ließ ich die Klausel in den Vertrag setzen, daß bei einem eventuellen Todesfall meines Mannes der Pachtvertrag gekündigt werden könne.

In bezug auf das Herauffahren meiner wenigen Dinge zeigte sich schnell, wie sehr immer die eingespannte

Kuh zu schonen war. Angesichts der Habelosigkeit meiner Pächter hatte ich ihnen in der Stadt eine dreiladige Kommode gekauft und nach Adnet bringen lassen. Da stand sie nun über zwei Monate lang, bis es ihnen dafürstand, sie für sich hinaufzubringen, obwohl sie ja auch keinen Kasten besaßen.

Mit der Zeit lernte ich ihre Ausdrucksweise kennen und auch, wie mir vertraute Wörter hier heroben einen ganz anderen Sinn hatten. So wird für „hastig arbeiten" – etwas durchaus Verpöntes – „husig" gesagt. „Fleißig" bedeutet nur „viel beten"; für „fleißig" im üblichen Sprachgebrauch sagen sie „arbeitsam", für „können" sagen sie „mögen", für „zerstritten" sagen sie „z'keilt" und für „wegwerfen" „kei's dam". Das „kei" kommt von „keilen". Demnach ist das Spalten beim Holzhacken der Ausgangspunkt des Vergleiches: das Holz fällt dabei in zwei Hälften auseinander. Gab es einen unbrauchbar gewordenen Gegenstand, so sagte die Frau des Pächters zu einem der Kinder: „Kei's dam", und das Ding landete dann irgendwo im Umkreis des Anwesens – sehr zu dessen Zierde.
Schon bald merkte ich, daß alles Gaststuben-Inventar den Kindern zum Spielen überlassen wurde. Wenn ich mich in ganz ruhigem Ton danach erkundigte, hieß es immer: „Die Kinder müssen aa was zum Spielen haben."
Wieso zum Beispiel die Haut der gesottenen Kartoffel nicht mit Hilfe eines Messers abgezogen wurde, sondern prinzipiell nur mit den Fingernägeln – was viel zeitraubender ist –, konnte ich, wie so vieles andere, nie ergründen.

Wenn mir am Anfang all die Erscheinungsformen vegetativer Lebensart schier unlösbare Rätsel brachten, lernte ich sie später als Gegenpol zum bewußten Se-

hen verstehen. Dazu nur ein Beispiel: Einmal war ich von Vigaun über den Rengerberg hinaufgestiegen. Die im Mai voll erblühten Wiesen zeigten damals noch die ganze natürliche Vielfalt - bevor sie später zu nur mit Gras bewachsenen Kunstwiesen wurden. Nahe am Wegrand pflückte ich einen kleinen Strauß. Im nächstgelegenen Bauernhaus, das nur durch ein paar Obstbäume von der Wiese getrennt war, trat ich ein. Die Bäuerin kam aus dem Stall, und wir setzten uns. Da sah sie meinen Strauß und rief entzückt aus: „Na, Frau, wo hast denn die scheenen Bleameln her?" Sie wollte es mir einfach nicht glauben, daß ich sie von ihrem eigenen Feld, keine 50 Meter entfernt, gepflückt hatte. Dabei war sie hier aufgewachsen und hatte hier schon immer gemäht. Doch das geschieht im gleichmäßigen Takt der Arbeit. Und die wäre vielleicht nicht auszuhalten, geschähe sie nicht vollkommen mechanisch, was auch am Ausdruck in den Augen der Menschen während des Mähens (noch mit der Sense) zu erkennen ist. Auch haben sie fast keine Namen für die hier wachsenden Blumen, während die Kenntnis davon bei den im Tal Lebenden viel besser ist. So bemerkte ich auch, daß nur wild wachsender Kümmel und Wermut eingesammelt wurden.
Unbekannte Worte wie zum Beispiel „operieren" werden mit Recht als fremd empfunden, daher angepaßt und als „goperieren" in Verwendung genommen.

Vielleicht sind diese kleinen Beobachtungen für den Volkskundler von Interesse; denn durch das Radio und später das Fernsehen kam nach Kriegsende auch an hochgelegenen Höfen ein sehr erweiterter Wortschatz in Gebrauch. Die im folgenden eingestreut angeführten Anmerkungen mögen als kleiner Bericht über die damals noch ganz urtümliche Ausdrucksweise dienen.

Der Eintrett-Stall

Hier heroben befindet sich der Stall unter einem Dach mit den Wohnräumen. Vom Vorhaus aus mit seinem offenen Herd, wo das Wasser für die Kleie erhitzt wurde, gelangte man mit ein paar Schritten in den Stall. Die Spinnweben blieben verständlicherweise unangetastet, da sie als natürliche Fallen für die das Vieh belästigenden Fliegen gute Dienste leisteten. Erlaubte es die Temperatur, wurde in Holzpantoffeln, oft auch bloßfüßig gearbeitet, was bei einem „Eintrett-Stall" aber seine Folgen hatte. Diese seit Urzeiten übernommene Stallhaltung bestand nämlich darin, immer wieder eine neue, trockene Lage Streu auf die alte, durchnäßte aufzutragen. Etwas Nässe rann in der hölzernen Rinne hinter den Kühen ins Freie, aber die Fladen blieben in der alten Streu. Da die Kühe darauf herumtraten, wurde die sperrige Unterlage wie Stroh oder „Graß" (das sind klein gehackte Fichtenzweige) weich getrampelt. Dadurch ist Stallmist aus Eintrett-Ställen als Dung auf den Feldern sehr geschätzt, da er vom Feldboden fast ohne Rückstände aufgenommen wird. Dagegen muß die vom Betonboden schnell entfernte Streu hernach im Freien noch lang reifen.

Vor Jahrzehnten, als es noch solche Eintrett-Ställe gab, erkannte man bei Viehtrieben Kühe aus solchen Ställen sofort an ihren monströsen Hufen, denn deren Hornsubstanz erweichte sich infolge des Kontaktes mit der Harnsäure. Die Hufe wurden länger, dünner und spitzer. Dabei bogen sie sich vorne hoch, und diese ausgeprägte Sichelform der Hufe zwang die Kuh zu einem klappernden und überdies nur langsamen Gang.

Noch weniger als das Horn der Hufe vermag natürlich die menschliche Haut dieser Schärfe in der Streu zu widerstehen, und wäre sie noch so robust. Die Reaktion des Körpers ist eine allgemeine Verformung der Oberfläche der Füße. Unglaubliche Veränderungen waren da oft zu beobachten. Diese Anpassung durch enorme Verdickung der Haut erfuhr erst dann ein – allerdings schmerzhaftes – Ende, wenn sie platzte und offene Einrisse entstanden. Da bildeten sich tiefe, blutende Schrunden, die arge Schmerzen, besonders beim fortgesetzten Eindringen der Säure, verursachten. Der Mensch ist eben doch von Natur aus kein Huftier, obwohl man gerade in diesem Fall die bewundernswerte Anpassungsfähigkeit des Organismus nur bestaunen kann. Nach der Stallarbeit wurden die Füße in einem Schaffl gewaschen, das dann aber auch noch vielerlei anderen Zwecken diente ...

Das Zu-Bett-Gehen in den tagsüber getragenen Kleidern war neu für mich, allerdings ist es in Primitvkulturen allgemein im Brauch. In der Frühe benötigte man dadurch keine Zeit, um sich anzuziehen, sondern trat sofort sein Tagwerk im Stall an.

Nur ganz selten half ich im Stall, allerdings ohne je Melkversuche anzufangen. Aus welchem Grund einmal das Pächterehepaar fehlte, weiß ich nicht mehr. Wahrscheinlich lag die Frau im Wochenbett, und eine Magd war aufgenommen worden. Jedenfalls war meine Mithilfe vonnöten. Es ist nicht möglich, die mit nichts anderem vergleichbare Atmosphäre in einem solchen „Ur-Stall" zu beschreiben. Ist es die animalische Wärme, die vom Vieh ausstrahlt, oder der etwas betäubende Stallgeruch? Aller Intellekt schweigt – vegetativer Urzustand überkommt eindösend den hier Tätigen. Wenn man da werkt, kommt man ir-

gendwie in den Kreislauf der Natur. Das Vieh braucht Trank und Futter, aber zugleich gibt es dem Menschen beim Melken seine Urnahrung, die in milder Wärme in den Eimer strömt. Stallarbeit beginnt fast immer, wenn es draußen noch dunkel ist. Beim schwachen Licht der Petroleumlampe sieht man die Eisblumen an den Fenstern glitzern. Das waren immer sehr kleine Öffnungen, um die Wärme zu halten; zum Unterschied der jetzigen großen, „Helle" spendenden Fenster.
Wo nicht auch Schweine gehalten werden, die immer Krawall machen, bewegt man sich da wie unter einer Glocke des zur Ruhe gekommenen Bewußtseins, das hier keine Fragen über Sein und Zweck des Tuns oder gar des Lebens aufkommen läßt.

Als ich 37 Jahre später den nun neuerbauten, zweckmäßigen Stall wiedersah, mit all dem eisernen Gestänge, der harten Betonglätte, den Einspannbogen für den Schädel der Kuh, damit sie nicht – wie es ihr lieber ist – der Nachbarkuh das Futter aus dem Barren fressen kann, wurde mir wie nirgendwo anders bewußt, daß sich die Welt in ein paar Jahrzehnten vollkommen verändert hatte.

Karges, bedrohtes Leben

Wie unsagbar sich die Bewirtschafter solcher hochgelegenen, dem Wald abgerungenen Güter plagen und mühen mußten, um kleinste Summen zu verdienen oder zu ersparen, konnte ich oft bedrückt miterleben. Ihre gemüselose Kost kannte nur Salat und Kraut. Mistbeete waren unbekannt. Man kaufte die Pflanzen in tieferen Lagen, wo der Schnee schneller schmolz und daher schon Wachstum möglich war. Möglichst billig sollten sie natürlich sein. Da bot sich Abtenau an, das abgehärtete Sorten für höhere Lagen hatte und bei Großabnahme auch wohlfeiler war. Da machte sich dann so ein „Hochberger" bei Morgengrauen auf den weiten Weg nach Abtenau. Zurück ging es, ebenso bergauf und bergab, wieder zu Fuß über die Weitenau, St. Koloman und den Rengerberg auf den Spumberg. Das Ganze mit einem Rucksack voll Pflanzen, den ich, obwohl an schwere Lasten gewöhnt, kaum vom Fußboden aufheben konnte. Was er nicht selbst benötigte, verkaufte der Träger heroben auf dem Berg mit ganz niedrigem Gewinn.

Schweinezucht ist in solchen Höhenlagen nicht mehr möglich, denn womit sollte man füttern – mit Gras? Mußte man doch sogar für sich selbst das Mehl zukaufen, weil dort droben nur noch Berghafer gedeiht; und auch der mußte bei frühem Schneefall im Herbst mit der Sichel unter dem Schnee herausgeschnitten werden. Ich erlebte, daß man sogar das tot zur Welt gekommene „Wasserkalb" nicht vergrub, sondern verzehrte!

Trotz eingeschränktester Lebensweise mußte man doch auch etwas Geld in der Tasche haben, um gelegentlich Zucker, Malzkaffee, weißes Mehl, etwas Tabak oder auch manchmal Schafe kaufen zu können. Gab es im Stall „Unreim“ – daß etwa ein Kalb krank wurde oder verendete –, so fiel mit dem Verkauf des Tieres auch das höchstnotwendige Geld aus.

So war es aber ein Leben lang! Kein Kino, kein Theater, am Sonntag eine Halbe Bier für den Bauern. Nimmt es da wunder, wenn sich die Gemüter verhärten und sich durch nachbarliche Bosheitsakte ein kostenloses Vergnügen bereiten?
Nur ein Beispiel sei da angeführt. Es war Kriegszeit. Tabak konnte nur in bestimmten Mengen auf Bezugskarte geholt werden – und so wurden Eier ein begehrtes Tauschmittel. Da hatte nun jener pflanzenschleppende Nachbar dem ältesten Buben meines Pächters heimlich das Zigarettenrauchen beigebracht. Natürlich blieb das nicht geheim, denn die Eltern rochen es und schimpften sehr. Die Mutter aber klagte, daß die Hühner plötzlich so wenig Eier legten.
Als ich dem Nachbarn wieder einmal etwas von der Stadt mitbrachte und er mir dafür berichtete, was mein Pächter nun wieder alles angestellt hatte, erzählte er mir auch, daß ihm der Bub aus dem Nest entnommene Eier bringe – und er ihm dafür Zigaretten gebe. Da er aber selbst Raucher war, wunderte ich mich, daß er die ohnehin karg bemessene Ration noch teilte. Worauf der wahre Grund seines Vergnügens daran herauskam: Weil durch das Zigarettenrauchen der Bub nicht zur Arbeit tauge und vielleicht sogar für immer geschwächt werde!
Es gab noch keine Rente für landwirtschaftlich selbständig Arbeitende. Für einen Hofinhaber war es der Austrag, der ihm das wenn auch karge Leben im Alter sicherte. Aber für einen Pächter? Da waren es nur sei-

ne Kinder, die ihn erhalten mußten. Ihre Arbeitskraft zu treffen, hieß, das Leben des Nachbarn in dessen Alter zu treffen.

Grund und Boden bleiben einem auf Lebenszeit nur geliehen, auch wenn man dem Recht nach dessen Besitzer geworden ist. Trotz bester Absichten, ihn zu meliorieren, muß man oft schon zu Lebzeiten erkennen, daß das Getane von irgendwelchen Mächten offenbar nicht angenommen wurde.
Schmerzlich bewußt wurde mir dies durch eine 1944 abgeworfene Bombe, deren Einschlag genau an der Stelle von Jahre währender Arbeit alles zunichte gemacht hatte. Erst da erinnerte ich mich eines in der Anfangszeit meiner Bemühungen beobachteten „Rabengerichtes", dessen Sinn ich damals nicht verstanden hatte, weshalb es mir bestenfalls vogelkundlich bemerkenswert erschienen war. Erst Jahre später wurde es mir zum Gleichnis für mein Eindringen in eine Welt voll archaischer Vorstellungen. Die große Zielgenauigkeit des Bombeneinschlages warf da viele Fragen auf.

Ganz zufällig hatte sich die Beobachtung jenes Rabengerichtes ergeben, als ich auf meiner „Ötz" (eine locker mit Bäumen bestandene Weidefläche) mit dem Entfernen großer Steinbrocken beschäftigt war. Den Zugang zur Ötz bildete ein großes Schwenktor, davor lag sumpfiges ärarisches Gebiet. Stets sanken hier die Kühe bis über die Knie ein, und es machte viel Mühe, sie wieder herauszuholen. Indem ich die Weideflächen von den unproduktiven Steinbrocken säuberte, konnte ich mit diesen zugleich den Morast in festen Untergrund verwandeln. Es war eine Arbeit, die für alle Zukunft gedacht war und in keiner Weise eigenen Gewinn brachte.

Lautstarkes Krähengekrächze ließ mich beim Steinewälzen innehalten und aufschauen. Über ein halbes Hundert sogenannter Raben flog in großer Erregung flügelschlagend über mich hin. Aus der Spitze des Schwarmes lösten sich immer wieder einige Vögel, kehrten um und stürzten sich auf einen einzelnen nachkommenden, der sich ihnen anschließen wollte. Durch ihre Stöße geriet er ins Taumeln, blieb zurück – folgte ihnen aber immer wieder, worauf sich im Schwarm wieder verstärktes Gekrächze erhob. Die Schnabelstöße der Zurückfliegenden wurden immer wütender und der Absturz des ihnen Folgenden immer tiefer, seine Flügelschläge immer zuckender. Als sich wiederum fünf Raben auf ihn stürzten, sah ich ihn, nur noch einen Flügel bewegend, abtaumeln. Vielleicht war er nur verletzt worden und gab nun sein Einreihungsverlangen auf; oder aber er verendete irgendwo auf dem Waldboden. War er ein Fremder? Oder hatte er gegen eine Rangordnung verstoßen und wurde nun irgendwelchen Regeln gemäß ausgeschlossen? Das Gezeter verklang im grauen Himmel, und irgendein Fuchs wird das auf dem Boden liegende Tier in seinen Bau getragen haben.

Was dieses Erlebnis mit der Zerstörung meiner Steinarbeit durch einen Bombeneinschlag zu tun hat? Wissenschaftlich beweisbar wohl gar nichts; doch das Leben auf dem Berg braucht keinen objektiven Zusammenhang – es stellt ihn ganz subjektiv her, dafür aber umso wirksamer und unerschütterlicher.

Gesundheit und Hygiene

In jene gottverlassene Gegend einen Arzt zu rufen, bedeutete, sich zunächst auf den stundenlangen Weg zu ihm zu machen, der sodann seinerseits den stundenlangen Aufstieg zu Fuß bewältigen mußte. Wen wundert es also, daß unter diesen Umständen – und bei dem chronisch herrschenden Geldmangel – nur höchst selten ein Arzt gerufen wurde. Man nahm Hausmittel in Verwendung, ansonsten vertraute man darauf, daß der Patient von selbst wieder gesund würde.

Bei Verkühlungen gab man Fichtensirup. Dazu wurden junge Fichtentriebe in gesponnenem Zucker gekocht und anschließend abgeseiht.

Bekam eine Frau Knoten in der Brust, so legte sie sich ein mit ausgelassenem Lärchenharz bestrichenes Leinenfleckerl auf – fertig. Dasselbe kam ja auch bei Verdickungen am Euter der Kühe in Verwendung, was angeblich, dank seiner zerteilenden Wirkung, immer half.

Bei Schwäche stand heiße Fleischsuppe hoch in der Gunst, eine ansonsten höchst rare Unterbrechung der eintönigen Milchkost.

Die Grundvorstellung von Gesundheit bildete der Begriff vom „gesunden Blut“. Es war eben gesund, oder es war schlecht geworden. Das galt für Mensch und Tier. Uralte, wirklich geheimnisvolle Vorstellungen verbanden sich da mit dem warmen, roten Lebenssaft. „A schlechts Bluat“ war die Erklärung für alles, was sich als Krankheit äußerte. Darum lebte auch am Lande das Aderlassen bei Mensch und Tier viel länger als in der Stadt.

Schon bei den Kindern zeigte sich ein durch Generationen weitergegebenes Erbwissen. Alle Schonung – so lautete eines seiner Grundgesetze – müsse nicht dem einzelnen Menschen gelten, sondern dem Viehstand, der allein die Existenz sichern konnte.
So erinnere ich mich mit Trauer an den dafür typischen Fall des „Hinter-Gemesreith"-Buben. Dieser versprach infolge seiner Arbeitswilligkeit und Bescheidenheit, einmal ein sehr guter Bauer zu werden. Eines Tages wurde er krank und lag mit starkem Halsweh fiebernd im Bett, tagelang. Erst als er Zeichen von großer Schwäche zeigte, legte man ihn auf einen Wagen, um ihn ins Spital nach Hallein zu fahren. Als jedoch für die trächtige, den Wagen ziehende Kuh eine Steigung bevorstand, trieb es den Buben, vom Wagen abzusteigen – damit sich die Kuh weniger anstrengen müsse! Zwei Tage darauf starb er im Halleiner Spital an Sepsis, als Folge einer Angina. Zum großen Schmerz seiner Eltern – aber auch zur großen Verwunderung der Nachbarn, daß man an Halsweh sterben könne!

Oft genug erschien mir die große Anzahl der herrschenden, zum Teil unvernünftigsten Vorurteile unverständlich! Ursache und Wirkung wurden trotz klarster Zusammenhänge nicht erkannt, ja sogar die Anfänge der gefürchteten Arbeitsunfähigkeit wurden als solche nicht beachtet.
Das waren besonders die Krampfadern, dieses verbreitete Leiden der Frauen. Denn viel müssen sie am Herd stehen – auch in hochschwangerem Zustand. Aber man trifft sie auch sonst nie sitzend an, denn sehr schnell kämen sie dadurch in den Ruf, „a sitzads Weibl" zu sein. Auch beim Viehhüten sah ich sie nie sitzen, ja sie strickten sogar im Stehen! Dagegen sah ich oft den Viehhüter sitzend seine Pfeife rauchen –

doch nie hörte ich verächtlich von einem Mann als einem „sitzenden“ sprechen!

Auch ist es ein feststehendes Gesetz, daß eine Bäuerin nicht länger als drei Tage im Wochenbett liegenbleiben darf. Ein paar Tage länger zu liegen, das blieb ihr für immer unvergessen! Blutstürze, Gebärmuttervorfall und lebenslange Leiden sind oft die Folgen dieser unsinnigen Zwänge. Doch keine hatte den Mut, diese ehernen Gesetze zu übertreten, auch wenn sie sich vor Schwäche kaum auf den Füßen halten konnte. Denn der Ruf, „a sitzads Weibl“ zu sein, wäre sofort eingehandelt gewesen. Schonung gab es nicht: „Sie hat es eben nicht ausgehalten!“

Völlig unerklärlich war mir stets die Einstellung zum Stillen der Kinder. Es galt als etwas Unanständiges, von dem man nicht oder nur mit [Ab]scheu spricht. Dabei wurde – besonders bei Hochzeiten – über ganz andere körperliche Vollzüge mit größter Selbstverständlichkeit geredet. Die Haltung zum Stillen jedoch war von solcher Selbstverständlichkeit weit entfernt. So hörte ich von einem Fall in Adnet, wo sich eine Ortsfremde mit ihrem Wickelkind zum Stillen in die Tenne neben dem Gasthof zurückgezogen hatte. Als sie der Knecht dort erblickte, warf er vor Abscheu Steine auf sie, um sie zu vertreiben. Gerade für jene, die täglich das Vieh melken, so möchte man meinen, sollte doch das Stillen höchst natürlich erscheinen. Die Wirklichkeit aber sah anders aus.

Als mir einmal das elende Aussehen einer 30jährigen auffiel und ich nach dem Grund fragte, bekam ich die Auskunft, sie sei lungenkrank – und das sei auch nicht zu verwundern, kaufe sie sich doch jedesmal am Sonntag nach der Messe „Zeltln“, also etwas Süßes.

Verblüffend war für mich auch die Erklärung, warum man eine sehr ordentliche Magd entlassen habe. „Die Kinder kunnten sich's a'schauen." Erstaunt fragte ich, was sie denn getan habe. Da kam der Grund zutage – sie benützte alle Tage ein Zahnbürstel! Was vielleicht mit Recht als erste Stufe von Verstädterung angesehen wurde.
Daß aber der Nani, der Frau des Pächters, schon sehr bald alle Zähne ausfielen, war nicht der Rede wert. Als sie klagte, vieles nicht mehr beißen zu können, redeten ihr „Stadinger" (Stadtleute) zu, sie solle sich doch ein Gebiß machen lassen. Da meinte ihr Mann aber nur: „Zur Arbeit tuat's a so aa!" Was sie noch jahrzehntelang bewies.

Wirklich aller Hygiene hohnsprechend war es, wenn Nani am Samstag den Stubenboden rieb und ruhig zusah, wenn eines ihrer Kleinkinder neben ihr vom Boden die kohlschwarze Brühe aufleckte. Rabenschwarz war das Reibwasser nicht so sehr von der an den Schuhen hereingetragenen Erde, sondern von dem vielen auf den Boden gespuckten Kautabak der hier Kartenspielenden. War es die Schärfe dieser ekligen Brühe, die die Kinder verlockte, da sie sonst nur fadeste Milch-Mehl-Kost kannten?
Warum sollte man sich aber da einmischen, wenn die Kinder gesund waren und nur manchmal ein paar Tage fieberten? Auch starb keines von ihnen, was in jener Zeit ja durchaus nicht so selbstverständlich war.
Nur einmal machte ich den Pächter aufmerksam, er müsse doch einsehen, daß so etwas einfach nicht zulässig sei. Freudig hatten mir beim Aufstieg die Nachbarn erzählt, daß er in Hallein bei der Gewerbebehörde angezeigt worden sei. Zillreith hatte ja Gastwirtschaftskonzession, die vom Pächter aber nur in Form von Bierausschank an die ihm Bekannten ausgeübt

wurde. „Stadinger" jagte er mit Genuß von dannen. Nichtsahnend traten manchmal Ausflügler ein, hoffend, etwas vorgesetzt zu bekommen. Aber was mußten sie da erblicken! Kinder, die in der Gaststube auf dem Boden mit einer von ihren eigenen Verdauungsprodukten total verklebten Kaffeemühle spielten. Auf meine Vorhaltungen antwortete er jedoch wütend: „Des is mei Küch', und da kann i machen, was i will."

Längstens bis zum Alter von anderthalb Jahren wurden Kinder in einem Schaffl gebadet – später besorgte dies ohnehin der Regen. In der Körperpflege der Erwachsenen war das Baden ein ganzes Leben lang nicht vorgesehen. Als Nani, die Frau des Pächters, mich einmal in der Stadtwohnung besuchen kam, sah sie zum erstenmal eine Badewanne. Sprachlos betrachtete sie das große Wasserbehältnis. Dann fragte sie zutiefst bewegt: „Frau, und da steigst als ganza eini?"
In diesen Zusammenhang gehört auch die folgende Begebenheit, die ich jedoch nicht um ihrer Heiterkeit willen erzähle, sondern als griffige Illustration dafür, wie's um die Hygiene bestellt war. Eine Frau war als Hilfe zum Heuwenden gekommen und erzählte während der Arbeit freimütig, daß ihr Mann auf einen schon lange fälligen Fronturlaub hätte nach Hause kommen sollen. Eine Heeresaktion unterband aber plötzlich alle Urlaubsbewilligungen. Sie jammerte zwar über diese Enttäuschung, aber das Bedauernswerteste kam erst: „Und da hab i mi extra hint umi gwaschn!" – Die Zuhörer nickten mitfühlend.

All diese Vorstellungen waren vor einem halben Jahrhundert noch gang und gäbe; durch Stromanschluß und Straßenbau haben sich aber die Anschauungen gewandelt. Die Motorisierung machte es möglich, Arbeitsplätze im Tal anzunehmen – und die Menschen lernten dadurch ein leichteres Leben kennen. Radio und Fernsehen brachten eine weite, fremde Welt heran, und neben ihren Häusern sind Wochenend-Niederlassungen entstanden. Dabei sahen und hörten sie ihnen so gänzlich Fremdes und meist Unverständliches: Was nur diese Stadtfeinen für ein anderes Leben haben!

Bergbauernarbeit

Eigentlich müßte es für geistige und körperliche Arbeit sprachlich zwei verschiedene Ausdrücke geben. War es in der Frühzeit der Menschheit fast nur die körperliche Arbeit, die zu leisten war, so hat sich die Anforderung im Lauf der Zeit immer mehr auf geistiges Gebiet verlagert. Die Maschine enthob ja in zunehmendem Maße den Menschen der körperlichen Anstrengung.

Wer Einblick in die Einstellung der noch händisch Tätigen hat, wird bald eine gewisse Feindseligkeit gegenüber dem „Kopfarbeiter" feststellen können. Denn während jene stets greifbar das Ergebnis ihrer Arbeit sehen können, bemerken sie auf dem Schreibtisch des geistig Arbeitenden nur Papier, Buchstaben und Formeln – auch wenn sie deren Auswirkungen früher oder später zu spüren bekommen.
Den am Schreibtisch Sitzenden fehlt die Inanspruchnahme der Muskeln, und sie suchen daher sportliche Betätigung oder bestellen ein Gärtlein beim Haus. Wo aber findet der nur von seiner händischen Arbeit Lebende einen Ausgleich? Oder braucht er ihn nicht? Sicher ist, daß in maßvollen Grenzen geleistete körperliche Arbeit dem menschlichen Organismus entsprechender ist, was sich etwa allein schon am Fehlen von Schlafstörungen zeigt.

Auf dem Almgrundstück, das ich gekauft hatte, bestand wahrlich kein Mangel an Möglichkeiten und wirklichen Erfordernissen, um sich körperlich ausarbeiten zu können. Denn die „Ötzen", jene mit teils lockerem Baumbestand durchsetzten Weideflächen, waren ursprünglich alle Waldboden gewesen. Nie ackerte hier ein Pflug die Steine aus dem Boden, noch ebnete er die Oberfläche ein. Die immer weiter nach oben verschobene Siedlungsgrenze verlangte schon für die hofnahen Wiesengründe genug Schweißarbeit. Denn nur das Heu dieser Wiesen gibt das Futter für die Wintermonate. Sie müssen daher während der warmen Monate von der Abweidung entlastet werden, indem man das Vieh auf Weideflächen treibt, die ihrerseits zum Mähen ungeeignet sind – wie eben die „Ötzen".

Beim Begriff der Arbeit stellt sich aber auch zwingend eine andere Teilung ein, nämlich in männliche und weibliche. Zwar hat die Jetztzeit weitgehende Vermischung gebracht, aber auf dem Land war diese Trennung stets festgelegt. Außer Zweifel steht dabei, daß die Bäuerin die größere Bürde trägt, allein schon durch ihre pausenlose Inanspruchnahme!
Zwar liegt es mir fern zu behaupten, der Bergbauer habe ein leichtes Leben. Aber wie eindrucksvoll und daher befriedigend ist seine Arbeit beim Pflügen, wenn er die Scholle umwirft, oder das Roden des Bodens und das Fällen der Bäume. Und verschwindet er nicht zeitweise einen halben oder ganzen Tag, um einen Kuhkauf in Erwägung zu ziehen?
Die Bäuerin hingegen werkt vom Morgengrauen bis nach dem abendlichen Kochen im Haus, tagaus, tagein. Höchstens am Sonntag – während der Messe – kann sie eine Stunde lang sitzen. Als es in hohen Lagen noch keinen Strom gab, fehlte alle maschinelle Hilfe. Auch da war es die Frau, die alle paar Tage im hohen schmalen Butterfaß den Rahm solang stampfen mußte, bis sich Butter und Buttermilch teilten. Man brauchte nur die gewaltigen Muskelpakete an ihren Oberarmen zu betrachten, um ermessen zu können, wieviel Kraft dabei aufgewendet werden mußte. Das

ehemalige Butterfaßl, jetzt als stilvoller Landhauseinrichtungsgegenstand in „origineller“ Wiederverwendung als Schirmständer benützt, erweckt mir da trotz „lustiger“ Buntbemalung recht gemischte Gefühle.

Sofort nach der morgendlichen Stallarbeit waren die Kinder für die Schule fertig zu machen, dann kam die Feldarbeit. In der Mittags-„Pause“ begann sofort die Arbeit am Herd, um das Essen zu bereiten. Da sitzt der Bauer und dengelt die Sense, aber er sitzt.

Arbeit in Haus und Hof gab es stets in einem solchen Übermaß, daß nicht unbedingt nötige Tätigkeiten nie eingeführt wurden. So entfiel mit Recht das Geschirrabwaschen (mit Ausnahme des Stallgeschirrs). Denn jeder Esser hatte seinen bestimmten Löffel, die Speise stand in einer großen Pfanne oder tiefen Schüssel in der Mitte des Tisches, und alle aßen gemeinsam daraus. War man mit dem Essen fertig, so glitt die Zunge reinigend über den Löffel, der wieder in der Tischlade verschwand. Die Tischplatte wurde nun feucht gewischt und bekam von daher im Laufe der Jahre an ihrer Oberfläche eine mildglänzende, warme Farbe, wie sie keine Tischlerpolitur zu verleihen vermag.

Warum nur wirkt bei einem solchen abendlichen Gemeinschaftsessen ein Gewitter mit Blitz und Donnerschlag so ganz anders als eines, das sich bei hellichtem Tag im Stadtbereich entlädt? Hier prasselt der Regen auf Blechdächer und den Asphalt, alles flüchtet sich in Hauseingänge oder unter eine Brücke, die Busse sind gerammelt voll, kein Taxi ist zu bekommen, und in der Ferne hört man die Feuerwehr – aber dort oben auf dem Berg wartet man stumm! Wird der nächste Blitz ins eigene Dach einschlagen? Wird man im nahen Wald den gespaltenen Baum zusammenkrachen hören? Dort in der Einschicht sitzt eine Gemeinschaft viel spürbarer auf Gedeih und Verderb beisammen.

Der große Kinderreichtum in den bäuerlichen Familien ermöglichte das „Schwenden“, eine ebenso notwendige wie mühselige Arbeit in der Almwirtschaft. Aber nur indirekt macht sich diese mit ständigem Bücken und Reißen verbundene Tätigkeit bezahlt. Die Almweidefläche droht nämlich ständig vom holzigen „Sendl“ – dem Heidekraut – überwuchert zu werden. Abmähen hilft wenig, denn wenn man den Sendl nicht mit der fast einen Meter langen Wurzel ausreißt, wächst er immer wieder nach und breitet sich schnell aus, weil kein Tier die holzigen Stauden frißt. Offene Schrunden an den Händen sind die Folgen, so man nicht von früherer vergleichbarer Arbeit ohnehin schon verhornte Haut an den Fingern hat. Nur wenige Quadratmeter Boden sind dabei die Tagesleistung; sie steht in keinem Verhältnis zu den Ausgaben durch Stundenlohn und Krankenkassenspesen, die einem Schwender gezahlt werden müssen, abgesehen davon, daß sich jetzt fast niemand mehr für diese extreme Arbeit im Freien zur Verfügung stellt. Und so vergeht eine Almbewirtschaftung nach der anderen, weil ihre Weideflächen wieder zuwachsen. Allerdings: Da der Sendl zu keiner anderen Verwendung brauchbar ist, gab so ein Stück geschwendeten Bodens wirklich das Gefühl der Genugtuung nützlichen Tuns.

Einmal erfuhr ich – welch Wunder! –, daß auch mein Pächter Sendl gerissen hatte, eine Arbeit, um die er allemal einen weiten Bogen zu machen pflegte. Allerdings erzählte er mir seelenruhig, daß er auch meine gesamten Digitalis-Pflanzen aus dem Versuchsanbau mit ausgerissen hatte, denn – so war seine Begründung – das Vieh könnte daran Schaden nehmen. Also war auch diese Arbeit wieder umsonst gewesen!

Es gab noch eine Menge anderer Arbeiten, von denen Städter verschont sind. So zum Beispiel, wenn durch starke Regengüsse das Erdreich um den Quellenaustritt nachgab und dieser sich neue Wege suchte. Die Quelle hätte längst mit einem Auffangkasten und Zementrohren ordentlich gefaßt gehört. Wann aber hätte ich erlebt, daß die vom Pächter heraufgefahren worden wären? Auch schien mir die eigentliche Fassung sehr riskant, denn wie leicht könnte da der Wasseraustritt verschlagen werden! Und dann suche einer die neue Quelle!
Da dachte ich dann schon manches Mal, was mir denn eingefallen sei, mir das alles anzutun! Gab es eine Frau in der Stadt, die sich auch noch um solche Dinge kümmern mußte? War die Quelle von Steinen und Erdreich auszuräumen, ich aber nicht anwesend, so mußte ich mir hinterher jedesmal das Gejammer anhören, daß er, der Pächter, es hatte machen müssen, denn es war ja meine Quelle – obwohl sie in erster Linie nur ihm und seinem Vieh diente und für ihn lebenswichtig war!

Eine Arbeit von Generation zu Generation ist es, während des Viehhütens den Boden von aufliegenden Steinen zu befreien. In der Nachbarschaft, beim Hinterschindlauer, gab es da als Beispiel dieser bewunderswerten Leistung nur schöne Wiesen. Alle Wachstum verhindernden Platten waren daraus entfernt und als Trockenmauer aufeinander geschichtet worden. Ackerbarer Erdboden war entstanden, der da

windgeschützt lag und durch einen dauernden, nicht verrottbaren Steinplattenzaun auch vor hier nicht gewünschtem Weidevieh geschützt war. Und auch ich war darangegangen, einen Streifen fast flachen Bodens von den Steineinschlüssen zu befreien und mit diesem Material die immer wieder erneuerungsbedürftige Holzzäunung durch eine dauerhafte Steinmauer zu ersetzen. Ich erntete dafür sogar Lob von Nani, der Frau des Pächters, die angesichts der nun entstandenen grünen Fläche sagte: „Fei a Angerl is da draus gworden!"
Dieses starke, bei einer Frau nicht häufig anzutreffende Bedürfnis nach Bodenverbesserung – (ich glaube besonders bei Frauen, die beim Anblick von Kleinkindern in Entzücken geraten, stets heftige Abneigung gegen Steinarbeit bemerkt zu haben) – dürfte eine Erbanlage meiner väterlichen Vorfahren sein, die aus Istrien stammen. Auffälligstes Merkmal jener Landschaft sind die mit hohen Steinwällen umlegten Anbauflächen. Keine Gedenktafel oder Urkunde übermittelt da die Namen von all jenen sich seit der Prähistorie damit Mühenden. Doch wüßte ich keine Arbeit, die mehr Genugtuung gibt, als diese.
Wenn man schon selbst spurlos im Boden vergeht, so sind doch solche Flächen durch Entsteinung ein für allemal verbessert worden, und die mühsam errichteten Steinmauern würden für eine Ewigkeit halten – sollte man glauben. Doch die von mir aufgehäuften Steine pflegten sehr schnell wieder zu verschwinden: Nachbarn konnten sie zu Fundamentierarbeiten gut gebrauchen.

Doch selbst an der Stelle der Ötz, die das meiste Material schluckte, blieben die Steine nicht liegen: Hier am Eingang zur „Viehötz", in der lehmig nassen Mulde, sammelte sich das Weidevieh vor dem Gatter und

verwandelte dadurch den Boden immer wieder in sumpfigen Morast. Das bedeutete meist sehr viel Mehrarbeit, weil das Vieh oft bis zu den Kniegelenken darinnen steckenblieb und mühsam wieder herausgeholt werden mußte. Daher trug und wälzte ich Steine aller Größen dorthin, bis endlich ein fester Unterbau entstand. Im Laufe der Jahre hatte ich in diese eine sumpfige Bodensenke nicht Zentner, sondern Tonnen an Steinen versenkt – und genau da fiel, ich habe es schon weiter oben erwähnt, eine Bombe hinein; amerikanische Flugzeuge hatten über dem Wiestalsee gekreist, um das dortige Elektrizitätswerk zu treffen, das ganz Salzburg mit Strom versorgte. Aber das Schneetreiben verhinderte die Sicht auf den genauen Standort. Die Flak vom Obersalzberg begann zu feuern, und so wurden die Bomben auf den so unwichtigen Spumberg abgeworfen. Zwar entstand, da er nur sehr locker besiedelt ist, fast kein Schaden. Aber haargenau vor meiner Ötz schlug eine Bombe in die ehemalige „Sunk" ein, riß wieder alle Steine heraus und zerstreute sie weithin auf den Weideboden, aus dem ich sie zusammengetragen hatte! Meine Arbeit war höhererseits nicht angenommen worden; was mir sehr naheging. Hatte ich nicht bald nach dem Erwerb dieses Grundstücks im Jahre 1939 von dieser Stelle aus das „Rabengericht" beobachtet?
Die dort umstehenden alten Fichten boten jetzt einen ungewöhnlichen Anblick: Da sie nicht selbst getroffen worden waren, fehlte ihnen kein Ast, aber sie waren durch den Luftdruck restlos entnadelt worden und gingen schnell ein.

Ein öffentlicher Grundstreifen, „die Graß", führte zum ärarischen Waldbesitz am Gipfel des „Schlenken". Die Bauern der Umgebung durften hier ihr Vieh weiden lassen. Im Laufe der Zeit war mir aufgefallen, dort nie einen von ihnen gesehen zu haben, der eine Steinplatte aufhob, um sie auf Haufen zu sammeln und damit mehr Graswuchs zu ermöglichen. Es war ja nicht ausschließlich ihr eigener Weidegrund. Und für fremden Besitz wurde kein Finger gerührt!

Die jahreszeitliche Beobachtung des Wachstums erzeugte Sprüche, die der Gelegenheit entsprechend immer wieder geäußert wurden. So zum Beispiel: „Wenn das Roßfeld aper wird, ist es heroben am Spumberg zum Küh'-Auslassen!" Dieses erstmalige „Küh'-Auslassen" nach einem langen Winter, der die Tiere zu monatelangem Stillstehen im Stall zwang, erlebte ich zweimal. Wer so etwas nicht mit eigenen Augen gesehen hat, macht sich keine Vorstellung von dem unbändigen Bewegungsdrang, der sich da äußert. Die sonst gleichmütig und gemächlich dahinstapfenden Kühe verwandeln sich zu einer rasend gewordenen Horde, die alles ihnen Entgegenkommende niedertrampeln würde. Jeder Torero würde vor ihnen die Flucht ergreifen! Also erinnern sich die Rinder, die den ganzen Winter über stumpf an derselben Stelle stehen mußten, an die freie Bewegungsmöglichkeit auf der Weide. In zwar plumper, aber ungeahnter Schnelligkeit rasen sie wie von Sinnen brüllend voran und sind einfach nicht wiederzuerkennen! Zur schweren Arbeit eines Bergbauern gehört es in solchen Momenten auch, die stampfende Meute im Zaum zu halten und Schaden von Tier, Mensch und Besitz abzuwenden.

Holz

Dieses Buch über meine Erfahrungen während des 10jährigen Besitzes einer Almwirtschaft wäre sicher nie geschrieben worden, wenn mich nicht Hofrat Kurt Conrad, der Gründer des Freilichtmuseums Großgmain bei Salzburg, gefragt hätte, ob ich nicht noch jemanden kenne, der hölzerne Zaunringe herstellen kann. Er hatte nämlich einen alten Stadel aus dem Schlenkengebiet gekauft und wollte nun den dazupassenden Zaun errichten lassen. Ich berichtete ihm von meinen eigenen freud- und vor allem leidvollen Erfahrungen mit dieser speziellen Arbeit, worauf er mir riet, diese mittlerweile vergangene Welt doch wenigstens schriftlich noch einmal zurückzuholen. Gesagt, getan – und so wurde aus der Erinnerung an die Zaunringfertigung ein ganzes Manuskript voll längst vergessen geglaubter Einzelheiten aus einem heute verschwundenen Alltag.

Das Thema „Holz“ ist im Zusammenhang mit dem Bergbauerndasein so gut wie unerschöpflich und hat in jedem Fall mit Arbeit zu tun. Für die Bauern brachte der Übergang von der Holzzäunung zur Verwendung von Draht eine sehr große Arbeitsentlastung. Der Städter bedauert dabei den Verlust des landschaftlichen Erscheinungsbildes, das durch die so verschiedene Form der Grundabgrenzung geprägt war. Aber allein die Holzeinsparung ist gewaltig! Nur uralte Servitutsrechte ermöglichten diese holzaufwendigen Zaunformen.
Heute benötigt man Holz nur noch für die Pfosten, an denen der Draht befestigt wird, ehedem aber mußte eine Unzahl junger Bäumchen gefällt und anschließend gespalten werden – bis zu acht Baumhälften

wurden zwischen die paarweise gesetzten Pfosten gelegt. Um ihr Absacken zu verhindern, trennte man sie durch die erwähnten Zaunringe voneinander, doch trotzdem bewirkte jeder Winter mit seiner Schneelast starke Zaunbeschädigungen. Zeitig im Frühjahr war daher die gesamte Zäunung zu überholen. Alles daran war Handarbeit, und kein Nagel kam in Verwendung!
Allein das Zaunringemachen hatte es in sich. Dazu konnte man nur jüngere Lärchenäste gebrauchen, die vom zuvor erkletterten Stamm geschneitelt werden mußten. Erst nach dem Rösten am offenen Feuer im Freien konnten sie zu Ringen gebogen und geflochten werden, was wohl durch das erhitzte Harz möglich wurde. Das prasselnde Feuer verzehrte die Nadeln und die kleinen Ästchen. Es war unmöglich, bei dieser Arbeit Handschuhe zu verwenden, sie wären sofort verkohlt; dagegen hatten es die Innenseiten der Hände auszuhalten, denn nur den brennheißen, glimmenden Ast konnte man zu einem Ring drehen. Wochenlang trug man dann die tiefeingebrannten Spuren an den Händen. Man bedenke, wie viele Ringe da für ein paar Laufmeter Zaun nötig waren. Und gar, wenn über 240.000 m^2 Grund eingezäunt und überholt werden mußten.

Die jetzt gebräuchliche Zäunung erfordert wesentlich weniger manuelle Arbeit, dafür aber Draht und Eisenklammern – und damit Bargeld. Die frühere Art der Einzäunung dagegen kostete lediglich viel Mühe und Zeit. Diese von allen gefürchtete Arbeit verriet aber dem Kundigen auch, wer sie verrichtet hatte. Das schräg abgehackte Ende des Lärchenastes zeigte nämlich stets mit der Spitze zum Nachbargrundstück – sollte sich doch dessen Vieh daran verletzen, als kleiner Trost und Ausgleich für die mühselige Arbeit!

(Diese Interpretation ist nicht vielleicht meine Erfindung, sondern war die selbstverständliche Erklärung auf meine Anfrage.)

Holz ermöglichte in Form von aneinandergeschlossenen Baumstämmen auch die Wasserzuleitung von der Quelle bis zum Haus. Sogenannte „Brunnbüchsen", das sind eiserne Verbindungsstücke, hielten die Rundhölzer, die in der Mitte ausgehöhlt wurden, zusammen. Diese zwei Meter langen Rohre verfaulten jedoch ziemlich rasch, und dann verrann das Wasser im Boden. (Das geschah, wie ich bald entdecken konnte, fast immer an einem Sonntag.) An der knapp einen Kilometer langen Zuleitung mußte dann anhand aufgetretener Bodennässe die Schadstelle gefunden werden; da das Wasser fast restlos im Boden versickerte, gelang das meist nicht gleich, und so brüllte das Vieh im Stall vor Durst. In diesem Falle wurden die auf Vorrat angelegten Leitungsrohre auf die Ötz gefahren und große Behälter direkt an der Quelle gefüllt.

Zum Durchbohren der Baumstämme wurde stets ein erfahrener Brunnrohrbohrer gerufen. Er legte den Stamm auf zwei Schragen und visierte unendlich lang mit seinem über einen Meter langen Bohrer, bevor er ansetzte. Der Irrtum von nur einem Millimeter hätte unfehlbar bewirkt, daß die Spitze des Bohrers schon rasch irgendwo an der Seite des Holzes herausgekommen wäre – der mühsam vorbereitete Stamm wäre zu Brennholz verkommen. Erstaunlicherweise ging dieses Visieren ohne jegliches Messen von sich. Bewundernd sah ich dem ranken Gesellen zu, der aufgrund generationenlanger Erfahrung mit den Eigenschaften des Holzes völlig vertraut war und es mit elegant sicheren Griffen behandelte.

Hatte man endlich die Schadstelle im Boden gefunden, mußte aufgegraben werden, und das Wasser spritzte einem ins Gesicht. Mit einer riesigen Brunnrohrzange wurde danach der verfaulte Stamm umfangen und herausgehoben; dabei sollten auch eine, oder besser zwei Sapinen das Rohr untergreifen und unter vielen „Ho ruck“-Rufen heraufholen. Das Gewicht des Stammes aber war oft ungeheuerlich, denn zur Schwere des nassen Holzes kommt noch der Umstand, daß der schadhafte Stamm durch verrostete Brunnbüchsen mit den davor und dahinter anschließenden verbunden ist.
Ich erspare mir die Beschreibung der „Freuden“, die sich auch beim Versenken des neuen Rohres ergaben. Mein Sohn, der so wie ich oft bei dieser unerquicklichen Arbeit helfen mußte, erinnert sich nur mit einem tiefen Seufzer daran. Auch meine verbrauchten, knirschenden Knie geben Zeugnis von dieser Schwerstbeanspruchung.

Heute gibt es synthetische, flexible Schläuche, die nur ein einziges Mal verlegt werden müssen – auch dies mit ein Grund, daß sich in heutiger Zeit der Stand des Nebenerwerbsbauern herausbilden konnte; damals hätte man einfach nicht die Zeit gefunden, noch an einem anderen Arbeitsplatz tätig zu sein.

Einen ganz andersgearteten Verwendungsbereich für das Holz bildete die Spielwaren- und Spanschachtelerzeugung in Berchtesgaden und Hallein/Dürrnberg, wofür völlig astfreies und leicht spaltbares Holz benötigt wurde. In der dortigen Umgebung gab es davon zuwenig.
Daher kamen Aufkäufer regelmäßig zu den Adneter Bergbauern. Genau untersuchten sie jeden Stamm bezüglich der gewünschten Eigenschaften und be-

zahlten, soferne sie zufrieden waren, gute Preise. Ein alter Bauer berichtete mir über die riesige Freude, die er und viele andere als Kinder immer empfanden, wenn so ein Holzkauf zustande kam. Denn die Berchtesgadener schenkten nach einem Kaufabschluß den Kindern immer buntbemaltes Spielzeug, worüber die vor Freude jubelten. Denn sie hatten als Spielzeug ansonsten nur Selbstverfertigtes: Die Spielzeugkühe machten sie sich aus Aststücken, denen man zwei Enden gelassen hatte, die als Hörndl galten. Der Puppe für die Mädchen schnitzelte man einen runden Kopf und wickelte sie in einen Lappen. Buntes, bewegliches Spielzeug aber war unbekannt.

Als ich nach jahrzehntelanger Abwesenheit 1986 wieder da hinaufkam, erzählte man mir, daß die von mir gepflanzten Fichtensetzlinge mittlerweile hohe Bäume geworden waren. Ich war sehr erstaunt, daß das beobachtet worden war. Es zeugte einerseits von einer starken gegenseitigen Kontrolle, andererseits von einem guten Gedächtnis.
Ich hatte auf jenem Teil der Ötz, auf dem Gras wuchs, das von den Kühen nicht angenommen wurde, durch das Pflanzen von Bäumchen eine „Rückwidmung“ zu Waldboden vorgenommen. Ich trug die vom Förster gekauften Setzlinge mit meiner Tochter auf einer extra dafür angefertigten Bahre dorthin. Im steinigen Boden mußten sie dann noch oft mit Wasser, das von weither zu tragen war, benetzt werden. Ebenso verfrachteten wir alte Schindeln hin, um sie als Schutz vor Viehtritten um die Setzlinge in den Boden zu schlagen. Die Bäumchen wuchsen, wurden aber unbegreiflicherweise immer weniger, und viele Schindeln lagen herausgerissen herum. Da sah ich einmal den Pächter dort sitzen, der gerade das Vieh hütete. Seelenruhig sah er zu, wie seine Kühe an den Schin-

deln knabberten und sie dabei aus dem Boden zogen. Ich fragte ihn, warum er denn zusehe, statt das Vieh von hier wegzutreiben, wo es doch dieses Gras sowieso nicht fresse. „Sie tschicken“, sagte er nur, womit er meinte, daß die Kühe deswegen Geschmack an den Schindeln fänden, weil diese einen tabakartigen Geschmack hatten, den sie durch die jahrelange Beräucherung vom durchziehenden Rauch der offenen Feuerstelle auf dem Herd des Vorhauses angeblich bekommen haben sollen. Und er trieb sie nicht von der Stelle.
Stundenlang betrachtete er sein weidendes Vieh. Ermöglichte ihm diese Beschäftigung die rasche Beurteilung einer Kuh? Denn es war Tatsache, daß er im Rufe stand, ein guter Viehkenner zu sein. Oder war es die Genugtuung, diese ganze Herde sein zu wissen, wo er doch am Punkt Null angefangen hatte? Seinen so vermehrten Viehstand sah er da mit jedem „Graserl“ leibiger werden – und so lag das Wachstum der Setzlinge außerhalb seiner Interessen.

Da es noch keine Motorsäge gab, mußten Bäume mit der Zugsäge gefällt und aufgearbeitet werden. Kräftige und geübte Stöße mit dem „Schebser“ vollbrachten das Entrinden der Stämme, und natürlich mußte jeder dieser Handgriffe erst gelernt werden. So galt es als unfachmännisch, für das Abhacken der meist armdicken Äste mehr als drei Axthiebe zu brauchen; was man natürlich auch erlernen kann. An von anderen gefällten Bäumen wurde sogar flugs kontrolliert, ob auch sie nicht mehr als drei Axteinschläge zeigten. Ich hütete mich, mehr als für den Eigenbedarf zu schlägern, denn der nachbarlichen Fragen, warum ich mir all die schwere Arbeit aufgehalst hatte, gab es ohnedies genug. Man hatte es sich mit der Größe des Waldes erklärt, den ich wohl ausschlägern werde. Für

diesen Zweck hätte aber der Teil genügt, den sich der Pächter – über die ihm jährlich zustehenden 20 Kubikmeter hinaus – ungefragt herausholte!
Der nur im Winter mögliche Abtransport des Holzes führte aber an den Nachbarhöfen vorbei, von denen aus er mit argwöhnischen Blicken geprüft wurde. Immer wieder riet man mir wohlmeinend – oder übelmeinend für den Pächter –, ich sollte doch Abrechnungszettel, die jedes Sägewerk ausstellt, vom Pächter verlangen; denn gleich nach Kriegsbeginn wurde Holz, ebenso wie Milch oder Butter, zwangsbewirtschaftet. Entsprechend der Größe des Waldes mußte jährlich die vorgeschriebene Menge abgeliefert werden. Dem durch das Einrücken der Holzfäller entstehenden Brennholzmangel folgten ständig steigende Schwarzmarktpreise. Fast immer verweigerte jedoch der Pächter diese Abrechnungsbelege, und zwar in einem Ton, daß ich gerne darauf verzichtete. Ich tröstete mich damit, daß es nun einmal das Schicksal des Verpächters sei, geschädigt zu werden.
Nur wer selbst liefert und dabei genau abzeichnet, behält die nötige Übersicht. Allein für die Qualitätsbestimmung – nicht nur für die genaue Abmessung – muß man Vorkenntnisse haben. Das Austauschen von Blochen ist daher ein beliebter Vorgang. Schon gar, wenn zum Eigenbedarf von Brettern noch staatlich vorgeschriebene Lieferungen kommen. Auch bei diesen nahm es ein übles Ende. Ich hatte, trotz Lieferung, keine Bezahlung erhalten, deshalb wandte ich mich zweimal an den Förster – der sich daraufhin erschoß: Mein zweiter Brief war der letzte Anstoß in einer Reihe von anderen Aufforderungen gewesen, denen er infolge seiner Trunksucht nicht nachgekommen war.
Hätte ich mich jedoch beim Gemeindeamt und dem Ortsbauernführer über die Praktiken meines Pächters

beklagt, so hätte ich gar nichts erreicht. Denn später zeigte sich deutlich, daß der Ortsbauernführer darauf brannte, seinen Pächter abschieben zu können, wenn man mich „Städterin“ wegen ungeordneter Besitzverhältnisse zur Abgabe meines Besitzes hätte zwingen können. Und ein Kampf gegen die parteipolitische Macht war damals aussichtsloser denn je!

Als im vorletzten Kriegsjahr auch der Pächter einrükken mußte, oblag – gemeinsam mit meinen Kindern – mir die Aufgabe, den vorgeschriebenen Holzlieferungen gleichwohl nachzukommen. Eine Leistung, die trotz großen Mangels an männlichen Hilfskräften nicht aufgeschoben werden konnte. Diese Anforderungen aber gingen weit über die Kräfte einer Frau, auch wenn sie an schwere Arbeit gewöhnt war; so mußte zum Beispiel das zu Meterscheitern geschnittene Holz im tiefen Schnee mit Hilfe eines Hörnerschlittens von der Ötz bis zum Haus gezogen werden, von wo es dann per Kuhvorspann nach Adnet gebracht wurde. Der Transport meines Eigenbedarfsholzes bis nach Nonntal kam mir durch das dreimalige Umladen übrigens genauso teuer wie durch Bezugsschein gekauftes Brennholz! Und die ganze Schinderei machte sich eigentlich nur damit rentabel, daß ich eben mit Sicherheit genug Brennholz hatte und, wo wirkliche Not herrschte, spenden konnte.

Um also aus all diesen Gründen möglichst wenig im eigenen Wald zu schlägern, kaufte ich eine der aufgelassenen Sennhütten im Gipfelbereich des Schlenken. Wegen Überweidung war es notwendig geworden, die Zahl der dort Auftreibenden zu vermindern und eine künftige Wiederbesiedlung durch Abtragen der Hütte zu verhindern. Mit Säge, Sapin und einer Axt bewaffnet, stieg ich mit vier Bauern auf, um die Almhütte zu

zerlegen; das war keine ungefährliche Arbeit! Sie verlangte vor allem Standfestigkeit auf geringer Trittfläche. Natürlich muß mit dem Zerlegen am First begonnen werden. Wie merkwürdig ist es, das erste Loch in die Schindeldecke zu schlagen, wo man doch sonst nur darauf bedacht ist, die kleinste Undichtheit wegen der eindringenden Nässe eiligst zu schließen! Nun aber flogen die Schindeln, und die Rafen folgten. Die Abtragung der Verbünde erforderte Kenntnis. Durch die Hebelwirkung der Sapin und unterstützt von vielen „Ho ruck"-Rufen, gelang es uns, sie mit Gekrache abzureißen. Das lag meinem auch sonst nicht gerade typisch weiblichen Geschmack. Welch ein Hochgefühl war es doch, hier auf dem Berg, bei klarer Fernsicht bis zu den Tauern und bei fest blasendem Wind, auf nur geringer Standfläche stehend, das Werkzeug richtig anzusetzen, daß dann die Rafen nur so heraussplitterten!
Daß ich von den vier anderen als gleichwertige Arbeitskraft anerkannt wurde, bewiesen Bemerkungen wie: „So wie du 'baut bist . . .!" (Bestimmt würde ich mich besser als Frau eines Pioniers denn als Frau eines Beamten geeignet haben.)
Auch der Abtransport der schweren Balken war auf dem schmalen Almweg nicht ungefährlich, denn der Wagen mußte ständig abgestützt werden. Alles ging gut, erst beim Herausziehen der beim Haus abgeworfenen Kanthölzer trat ich mir einen langen, geschmiedeten Rafennagel ein. Unvorsichtigerweise hatte ich statt starker, hoher Bergschuhe – die noch naß waren – nur Sandalen getragen. Der rostige Nagel durchdrang nicht nur die Sohle, sondern den ganzen Vorfuß. Im wilden Gewirr der abgeworfenen Balken stand ich nun buchstäblich wie angenagelt. Das schwere Holzstück, das ich herausgezogen hatte, konnte ich weder wegschleudern noch abwerfen, weil

es mir sonst auch noch auf den Fuß gefallen wäre. Langsam versuchte ich, es seitlich abgleiten zu lassen. Der Schmerz war nicht groß und die Blutung gering, aber wegen des morschen Holzes bestand die Gefahr einer Blutvergiftung. Mit zusammengebissenen Zähnen zog ich schließlich den Nagel aus dem Fuß. Zufällig kam in dem Moment eine nachbarliche Truppe von gefangenen Russen vorbei. Diese war zu Schlägerungen im ärarischen Wald eingesetzt und in „Stadelmoos" einquartiert. Sofort eilte einer zurück und holte ein Desinfektionsmittel und Verbandszeug. Sehr behutsam verarztete er mich – und ohne zu schwären, heilte die Wunde in drei Tagen. Offenbar waren beim Durchstoßen der Sohle alle Keime abgestreift worden.

Daß von im Sturmwind rauschenden Bäumen etwas Bedrohliches ausgeht, wird wohl allgemein so empfunden. Aber auch wenn sie ruhig dastehen, kann sich Unvorhergesehenes abspielen. So erzählte mir einmal der „Vorderlackner", wie er eine gute Kuh verlor. Als man gegen Abend das Vieh von der Weide nach Hause trieb, fehlte ein Tier. Man schalt die Dirn, und der Bauer ging nun selbst auf die Suche. Er suchte lange umsonst, kehrte dann um und holte Hilfe. Aber die Kuh blieb im weiten, teils auch waldigen Gebiet unauffindbar. Der Hund war wohl bellend mehrmals bis an den hölzernen Nachbarszaun gelaufen, aber wer sollte dort im lockeren Baumbestand eine Kuh suchen? Auch waren ja alle Zauntüren geschlossen. Es war unbegreiflich! Am übernächsten Tag kam ein Nachbar und meldete: „Deine Kuh ist da, aber sie ist tot!"
Was war geschehen? Dort, dicht an jener Stelle des Zauns, wo der Hund immer wieder bellend hingelaufen war, hing das verendete Tier, mit aufgedunsenem

Leib, in einer Zwiesel eingeklemmt. Eine Zwiesel ist ein Grundstamm, der sich aber in zwei Stämme teilt. Die Kuh hatte neugierig ihren Kopf und die Vorderbeine zwischen die Stämme gesteckt, brachte dann aber den dicken Körper nicht mehr zurück. Sie war nicht imstande gewesen, ihren Vorderleib zurückzuziehen und verendete offenbar an einem Kreislaufversagen. Der nachbarliche Kommentar war nur: „Die Küh sand ja viel zwoach!" Weich gehegt und gepflegt im Stall, verlieren sie die Selbsthilfefähigkeit der wild lebenden Tiere. Im Ausspruch des Bauern klang eine gewisse Verachtung mit durch.

Sehr stark beeindruckte mich ein merkwürdiger Zufall beim Baumfällen. Nach dem Einhacken des Stammes in der gewünschten Fallrichtung und dem darauf folgenden Einsägen (auf der Gegenseite, etwas über der Einhackstelle) hörte man das erste Knacksen im Holz, welches das Umstürzen des Baumes ankündigt. In der Regel fällt nun der Baum, wie man es wünscht. Mit zunehmendem Krachen begann er sich zu neigen. Doch da – ein plötzlicher Windstoß! Er erfaßt den dichten Wipfel des stürzenden Baumriesen und drehte ihn, schon im Fallen, um 90°! In der neuen Fallrichtung lag Gott sei Dank nur mein ländlicher Strohhut, der mit einer grünen Schnur geschmückt war; der Baum deckte ihn mit Getöse zu. Als ich gemeinsam mit meinem Sohn die Äste abhackte, sahen wir betroffen, daß einer davon senkrecht das von der Hutschnur als Abschluß gebildete kleine Herz durchbohrt hatte und genau durch dieses Zentrum den Hut am Boden festnagelte. Warum war der abgebrochene Ast nicht fünf Zentimeter daneben eingedrungen?

Nicht minder beeindruckte mich ein anderes Erlebnis. Ich hatte einen Baum allein aufgearbeitet und mir dabei durch einen abgeprallten Axthieb ein Stück der Daumenspitze abgehackt. Knapp hinter dem nahen Zaun standen zwei Männer der SS-Wachmannschaft aus dem benachbarten Straflager für ausländische Zwangsarbeiter, dem ein schrecklicher Ruf anhaftetet. Alle, die nicht „parierten“, wurden hierher gebracht, „um sie Mores zu lehren“ (ich sah nie, was genau vorging, aber man erzählte grausame Dinge). Ich hatte mir seitlich vom vorderen Daumenglied fast die Hälfte abgehackt, und das Blut floß in Strömen. Nicht einmal ein Taschentuch hatte ich bei mir, und so fragte ich die zwei Männer, ob sie nicht etwas zum Abbinden bei sich hätten. Keine Antwort und eisige Gesichter waren die Reaktion. Ihr Verhalten war mir zunächst unerklärlich, doch nehme ich an, daß sie von meiner – aus politischen Gründen verhängten – Untersuchungshaft gehört hatten. So lief ich auf kürzestem Weg nach Hause. Vor Stadelmoos verspeiste die Schar gefangener Russen gerade ihre kümmerliche Mittagsration. Ich rief nicht hinüber, obwohl sie im Freien saßen. Aber sie sahen mich meine stark blutende linke Hand mit der rechten umklammern. Sofort verschwand einer und kam mir gleich nachgelaufen. Er hatte das Nötigste mit, kniete nieder und verband mich mit sehr großer Sorgfalt.

Es war wohl ein angeborenes Hilfeleistungsbedürfnis, denn die kleine Packung echten Tees und Zucker, die ich einem von ihnen einmal schnell zugesteckt hatte, als die an sich gutmütige Wache außer Sicht war, hatte ja ihrer Hilfe beim Heueinbringen gegolten, die sie mir beim plötzlichen Aufzug eines Gewitters geleistet hatten. Die spontane freudige Reaktion über den so entbehrten Tee war damals übrigens: „Ich gebe allen anderen. Alle sich werden freuen darüber!“ Sie alle hatten rasch gelernt, sich in deutscher

Sprache zu verständigen. Groß war dann, bei den wenigen Möglichkeiten, mit ihnen zu reden, mein Erstaunen über ihren hohen Bildungsgrad. Denn nur zwei von ihnen waren vor dem Einrücken Studenten gewesen; einer war Matrose und kam aus Wladiwostok, und zwei von Ihnen waren bäuerlicher Arbeit nachgegangen. In unseren kurzen Unterhaltungen erwähnten sie sogar Goethe und zeigten überhaupt hier heroben nicht anzutreffende Bildung.

Dies Kapitel über das Holz ist lang geworden; doch vielleicht vermittelt es eine Vorstellung von der vielfältigen Arbeit, die damit verbunden ist. Seit Jahrtausenden lebten die Einheimischen von dieser Holzarbeit und der Viehzucht. Und sie bejahen diese Tätigkeit. Oft hörte ich da den Ausspruch: „Mir san für die Holzarbeit!“, und nur ungern suchten sie Anstellung in den nahen Adneter Steinbrüchen. Dort arbeiteten mit mehr Geschick Italiener, die aus dem klassischen Gebiet der Steinbearbeitung südlich der Alpen stammten und dadurch einen angeborenen Sinn für den Umgang mit diesem Material einbrachten, während die Völker nördlich der Alpen mit dem Holz leben. Es ist so etwas wie ihr Grundstoff, aus dem sie sind, der sie geformt hat und den allein sie zu formen verstehen.

Aussprüche, Scherze und Listen

Der alpine Mensch ist wortkarg, nichts sprudelt ihm heraus. Seine Äußerungen sind sperrig, langsam, aber meist treffend. Auch die Zahl der in Gebrauch genommenen Wörter ist sehr klein. Sein Sprachschatz ist im Alter nicht größer als in seiner Kindheit. Um seine Meinung auszudrücken, genügt da meist ein Satz. Ein Beispiel: Als die Frau eines Nachbarn starb, die eine Rente bezog, verständigte er die Behörde nicht darüber und strich die per Post kommende Rente weiterhin ein. Später deshalb zur Rede gestellt, antwortete er nur: „Haben s' eh bei Tag eingraben!" Also nicht heimlich bei Nacht, sondern für alle sichtbar.

Mit Vorliebe werden Tiere mit ihren typischen Verhaltensweisen zu Vergleichen herangezogen. So zum Beispiel sagte man über mich, als ich weder Lust noch Begabung zum Kartenspielen zeigte: „Da kannst eher a Kuah zum Bamkraxln abrichten als ‚die Frau' [wie sie mich immer nannten] zum Karten spielen."

Die Scherzerzählungen dieser Menschen sind keine erfundenen Witze, sondern wahre Begebenheiten aus der Nachbarschaft; denen aber scheint ewiges Leben beschieden zu sein. So etwa der Geschichte von der ältlichen Magd, die sich beklagt, daß die alten Bräuche abkommen, weil sich bei ihr kein „Fensterl-Bua" mehr zeigte und sie nicht begriff, daß dies die Folge ihres fortgeschrittenen Alters war! Oder dem immer wieder gebrachten Bericht über jenen Nachbarn, der eine Kuh kaufen wollte. Dabei war das Licht im Stall ausgegangen, und er nützte flugs die Finsternis, um sich der anwesenden Magd zu nähern – geriet dabei

aber an den Bauern, der ihm einen kräftigen Stoß versetzte.
Ich selbst konnte miterleben, wie man einen sonntags stets Betrunkenen eines Tages auf die „Gass'“ hinaustrug, dort hinlegte und ihm rechts und links eine brennende Kerze hinstellte – um ihn als „Bierleiche“ zu kennzeichnen.
Auch vor drastischen Maßnahmen scheuten die sonst eher zurückhaltenden Bergler manches Mal nicht zurück. Es gab da einen Austragbauern, der hinter besonders kleinen Fenstern hauste und der infolge seiner mit krächzender Greisenstimme vorgebrachten „Sprüch'“ stets ihre Spottlust erregte. Dem warfen sie, von einer angelehnten Leiter aus, einen regelrechten Böller in sein Zimmer; es tat einen ohrenbetäubenden „Tuscher“ – und der aus dem Schlaf Gerissene zeigte sich zeternd am winzigen Fenster, von Rauch und verkohlten Papierschnitzeln umflattert, was für die Anstifter ein großes Gaudium war und noch heute unvergessen ist, obwohl fast alle Zeugen – außer meiner Wenigkeit – schon gestorben sind.

Gern wurde auch eine meiner Bemerkungen wiedererzählt. Denn die Schankkonzession, die dem Anwesen verliehen war und die der Pächter nur durch Bierflaschenausschank betrieb (und auch den nur an seine Nachbarn), brachte es mit sich, daß ein Trinker, der in der Gemeinde Adnet Alkoholverbot hatte, zuweilen bis da oben hinaufstieg, um doch noch seinen Durst löschen zu können. Als selbst dem Alkohol Abgeneigte fehlt mir diesbezüglich nicht nur alles Verständnis für diesen Trieb, sondern ich vermied auch jede Ausschankhilfeleistung. Da sahen wir einmal wieder diesen ewig Durstigen herankommen. Gleich bat er wieder um eine Flasche Bier, weil er so durstig sei. Worauf ich ihm antwortete: „Der plätschernde

Brunnen steht vor dem Haus.“ Hatte diesen Rat, mit Wasser den Durst zu löschen, noch nie jemand gehört, und das gar aus dem Mund einer Konzessionsinhaberin? Auf jeden Fall wurde mir dieser Ausspruch nie vergessen.

Bezüglich der „Fensterl-Buam“ herrschte die allgemeine Ansicht, daß „a Gspoaß aa sein muaß“. Ich hatte zwar den Eindruck, daß infolge der ständigen Schwerstarbeit, die diese Leute zu leisten hatten, zwischengeschlechtliche Themen eine geringere Rolle spielten als in Gebieten mit leichterer Tagesleistung, das Fensterln allerdings erfreute sich durchaus einiger Beliebtheit. Die Fenster sind zwar vergittert, aber an der Front des Hauses findet sich überall ein durchlaufender Balkon, auf dem Wäsche oder Feldfrüchte getrocknet werden. Und von diesem Balkon führt eine Türe ins Innere des Hauses. Zwar wacht der Bauer meistens streng darauf, daß seine Töchter oder Mägde keine Besuche bekommen, aber oft liegt er in tiefem Schlaf und hört nicht das leise Zurückschieben des Riegels zum Balkon.
Als ich am Anfang einmal naiv fragte, wieso denn bei vergitterten Fenstern die Burschen dann doch hineinkommen, gab es bei den Bauern langanhaltendes, schallendes Gelächter. Freudigst wurde immer wieder der Fall von jenem Bauern erzählt, der aus seinem Haus eine Burg gemacht hatte. Als da wieder einmal die Fensterl-Buam zuviel Krawall vor seinem Lehen machten, kam er vor die Haustür, um sie zu vertreiben. Aber damit hatte man gerechnet – und da zielte einer aus der Dunkelheit mit dem Gewehr auf ihn und drückte ab. Entsetzt brüllte der Bauer auf, denn er fühlte sich vielfach getroffen und sah überall rotes Blut an sich herunterlaufen. Womit man ihn beschossen hatte, waren aber keine Schrotkugeln gewesen,

sondern ungekochte Erbsen, und der Lauf der Flinte war mit Schweineblut geladen worden. Das wurde natürlich zu einer nie vergessenen Episode.
War die Ehe erst einmal geschlossen, schien mir die Ehemoral gut zu sein. Aber den Eheleuten scheint es nichts auszumachen, daß aus ihrem Schlafzimmer jedes Geräusch in den Vorraum dringt, wo auch die Mägde liegen. Was man da an gehässigen Bemerkungen lediger, älterer Stalldirnen zu hören bekam, war erschreckend.

Als die ersten Skiläuferinnen in Hosen auftauchten, war das Anlaß zu lautstarker sittlicher Entrüstung vor allem unter den weiblichen Bewohnern. Daß aber bei ihnen selbst – da sie außer eines Hemdes keine Unterwäsche trugen – bei manchem Windstoß sich oft große, unbekleidete Flächen zeigten, gab immer nur Anlaß zu Gelächter.
Mit dem Hosentragen durchbrachen die Skiläuferinnen ein streng gewahrtes Vorrecht des Mannes. Wie sehr diese Hose von alters her Symbol der Kraft und der Überlegenheit war, zeigte sich deutlich, wenn ein Mann beim Ranggeln einer Frau unterlag. Auch auf den Schlenkenalmen kam es gelegentlich zu so einem Kraftmessen zwischen den weiblichen und den männlichen Almleuten, meist an einem Sonntag. Alle anderen sahen dann zu. Die sehr kräftigen Sennerinnen hänselten dabei oft schmächtigere Senner. Ein Ringkampf entschied dann, wer der Stärkere sei. War es die Sennerin, so hatte sie das Recht, ihm die Hose auszuziehen, denn er war als unterlegen auf dem Boden Liegender seines Statussymbols verlustig gegangen – und das wahrscheinlich nach uraltem Brauch!

Von Kaiser Karl dem Großen ist überliefert, daß er nur gelächelt habe, als er bei Morgengrauen zufällig

seine Tochter einen Mann auf ihrem Rücken aus ihrer Kemenate tragen sah. Da Schnee lag, hätte man bei Tag die männlichen Fußstapfen, aus dem Haus der Frau kommend, nämlich sofort entdeckt. Also trug sie ihren Genossen der Nacht hinaus, denn ihre kleineren Fährten kehrten ja wieder zum Haus zurück.
Diese Finte war auch auf den Schlenkenalmen nicht unbekannt, und man entsann sich ihrer, wenn früher Schneefall eintrat. Für gewöhnlich genügte dazu ein großer Buckelkorb, der sonst leer hinausgetragen wurde, um ihn mit frischgemähtem Gras zu füllen. War es aber schon zu hell geworden, erkannten die neugierigen anderen Sennerinnen an der gebückten und schwer tragenden nachbarlichen Magd sehr schnell, ob sie einen leeren oder gefüllten Buckelkorb aus ihrer Hütte trug. Meist ragte auch irgendein Körperteil von „ihm" noch aus dem zu kleinen Korb, was willkommenen Anlaß zum Gelächter bot.

Auch um den Zustand der Liebesbedürftigkeit zu bezeichnen, beziehen die Almleute sich gerne auf die Tierwelt, nämlich die Gemse – „gamsig" werden ist die einschlägige Bezeichnung. Merkwürdigerweise steht das Eieressen sehr im Ruf, „gamsig" zu machen, obwohl (oder sollte ich sagen: weswegen?) ich nie jemanden Eier essen sah. Diese wurden nur als Bindung für Knödelbrot und in Mehlspeisen verwendet.

Nicht immer wird dem ältesten Sohn der Besitz übergeben, oft erst dem Jüngsten, um den Austrag noch um einige Jahre zu verschieben. Auch kann es sein, daß sich der Älteste weigert, die von der Mutter für ihn Auserwählte zu heiraten. So einen übergangenen Ältesten fragte ich einmal, warum er denn die ihm Zugedachte partout nicht ehelichen wollte. Er antwortete kurz und bündig: „Sie stinkt aus'm Mäu!

[Maul].“ Den Hof bekam der Zweitgeborene. Er war schlauer gewesen und hatte die ihm Zugedachte nicht abgelehnt, ließ sie aber, als die Mutter bald darauf starb, sitzen und heiratete das Mädchen seiner Wahl. Der Erstgeborene mußte sich dann als Hilfszimmerer durchbringen. Er schwieg im nüchternen Zustand über diese Übergehung, nur wenn er über den Durst getrunken hatte, brach die Verbitterung aus ihm heraus. Dabei hätte ein der Maid rechtzeitig herausgezogener Zahn vielleicht alles in Ordnung gebracht.

Das Ausgedinge als bitteres Ende

Aus den verschiedensten Quellen kann der Mensch Kräfte schöpfen – wenn er nur fest genug daran glaubt.

Ein schönes Beispiel dafür bot eine Nachbarin: Das Stadlmoos-Loisei war ein altes Weibl, über dessen enorme Arbeitsleistung jedermann nur den Kopf schüttelte.

Ihr Bruder, der selbst einen Hof bei Kaltenhausen führte, kam wohl im Sommer zur Heueinbringung herauf und auch zum Reparieren der Zäune, sonst aber war sie mit ihren sechs Stück Vieh und all der anderen Arbeit auf sich allein gestellt. Außer der Milchzentrifuge gab es da keine maschinelle Hilfe. Ein junger Verwandter aus der Werfener Gegend, der sie einmal beerben sollte, weilte zur Hilfe ein Jahr lang bei ihr – er empfahl sich danach aber und verzichtete dankend auf das Erbe.

Das dürre, zahnlose Weiblein schleppte im Buckelkorb die gewichtigsten Grünfuttermengen zum Stall und brachte den schweren Mist aus. In der großen Stube sah es allerdings chaotisch aus, denn zum Aufräumen blieb keine Zeit mehr. Nur immer das Nächstdringende konnte erledigt werden. Im Herd mußte immerfort nachgelegt und der Häcksel geschnitten werden. Daher lag und stand das Küchen- und das Stallgeschirr überall herum, Haufen von ungeflickter Arbeitskleidung türmten sich um ihre Liegestatt, die ebenfalls in der Stube stand, und es fehlten auch die sonst üblichen Blumenstöcke an den Fenstern – denn wann hätte sie Zeit gehabt, sie zu gießen?

Immer wieder wurde sie gefragt, wie sie denn das alles schaffen könne. Und immer kam die Antwort, daß ihr eben die „armen Seelen“ dabei helfen. Nur sie seien es, die ihr vom Morgengrauen bis zum Abend mit ihren Kräften beistünden. Dafür betete sie für deren Erlösung – wodurch sie sich auch nie einsam fühlte, sondern stets von einer Schar Helfender umgeben war, denen sie ihrerseits Gutes tun konnte. Sie standen ihr beim Melken, beim Tragen der schweren Stallhäfen, beim Butterrühren (noch im Holzschaffl), beim Waschen der Zentrifuge, beim Wassern des Viehs, beim Mähen, kurzum bei aller Männerarbeit hilfreich zur Seite.

Natürlich gab es da keinen Zeitverlust durch Kleiderwechsel am Morgen und am Abend. Mit dem, was sie am Leibe trug, fiel sie auf ihre Liegestatt, und die „armen Seelen“ behüteten ihren tiefen Schlaf. Was aber, wenn sie einmal krank würde und nicht aufstehen könne und das Vieh im Stall zu brüllen anfange? Schwer zu sagen – denn auch das hatten die guten Hilfsgeister zu verhindern gewußt.

Diese paar Notizen formen vielleicht kein sehr farbiges Bild vom Leben einer Bergbäuerin; aber wie sollte es auch möglich sein, die jahrzehntelange Schwerstarbeit so eines „Arbeitstieres“, das pausenlos wie in einer eisernen Zange lebt, reizvoll zu beschreiben? Jedes schäkernde, oberflächliche Mädchen bietet da mehr Möglichkeiten. Das Stadlmoos-Loisei verkörperte das pure Gegenteil.

Schreitet das Alter fort und geht die Arbeit mühsam und dann schließlich gar nicht mehr von der Hand, so beginnt das dunkelste Kapitel im Bergbauernleben: die altersbedingte Hofübergabe; denn damit geht jedes Einspruchsrecht und jede Mitsprachemöglichkeit verloren.

Oft ist zum Beispiel der Altbauer nur vom Rheuma gekrümmt; und doch muß er damit zu Rande kommen, am Wirtshaustisch plötzlich eine Null zu sein!
Es beginnt das Zusehenmüssen, wie es die Jungen nun anders machen. Die alte Bäuerin ist vielleicht noch ganz gesund, doch im Haus schaltet und waltet nur noch die Eingeheiratete! Sie verwendet beim Kochen schon mehr Dazugekauftes und bereichert damit den Speisezettel, statt weiterhin die eintönige Kost zu bereiten, die bis dahin die ausschließliche Verwendung von am Hofe Selbsterzeugtem vorschrieb.
Alles geht besser, wenn es für die Alten ein Zuhäusl gibt. Bei der Raumbeschränktheit der kleinen Bergbauernhöfe ist das aber selten. Das bedeutet Zusammenleben in engsten Raumverhältnissen, womöglich noch an einem gemeinsamen Herd. Die Folgen sind – wenn es auch Ausnahmen geben soll – ständige Reibereien und lieblose Reichung der den Alten zustehenden Gaben. Langt es doch schon kaum für den Hofinhaber und seine Kinder.
Aber da sitzen die Alten oft noch jahrelang herum. Und wenn beide krank und pflegebedürftig werden – was dann? Bitter notwendig war die Altersrente für diese Ausgeschundenen!

Wer je am Bett eines schwerkranken Auszüglers stand, verstummte zunächst. Erster Eindruck ist die dumpfe Luft und das spärliche Licht. Der mit einem Laken und schweren Kotzen (Wollzeug) Zugedeckte liegt benommen oder röchelnd da, wenn auch immerhin in seiner gewohnten Umgebung. Wie merkwürdig anders doch hier das nahende Sterben wirkt gegenüber dem Tod in einem Spitalsbett. Es ist wie das natürliche Absterben verbrauchter Materie, wie das Vermorschen ehemals kräftigen Holzes – daher etwas Sinnvolles; wogegen man den im Spital in weißer

Bettwäsche Liegenden ratlos betrachtet und sich fragt: Warum hilft man ihm nicht, wo es so viele Mittel gibt? Bei dem in der muffigen Kammer sterbenden Auszügler hat man viel eher den Eindruck eines natürlichen Verlöschens.

Manches Mal können sich die Alten noch nützlich machen – wie etwa während des Krieges, als die Jungen einrücken mußten –, aber es ist nicht die Regel. Eine kleine Episode gab da wieder einmal Einblick in diesen Kampf um den Platz im Leben.
Ich war von einem Einkaufstag in der Stadt zurück, saß nun in der warmen Stube und hatte dem Ehepaar mittleren Alters das für sie Besorgte übergeben. Eine Schale warmer Milch wurde mir hingestellt. Die alte Wanduhr mit den langen Zuggewichten tickte, ein paar Fliegen krochen über den Tisch. Die Stube war karg, aber rein und ordentlich. Wir sprachen über die große Schneemenge, die in den letzten Tagen gefallen war und den ohnehin mühsamen Aufstieg von Adnet hierher um Stunden verlängerte. (Da noch keine Schneepflüge fuhren, hatte ich deshalb einmal von Hallein bis hier herauf acht Stunden gebraucht!) Ich fragte nach dem Vater, der sonst immer hier saß und zum großen Verdruß der Jungbauern seine schwarzen Kautabakreste auf den Boden spuckte, obwohl dafür eine mit Sand gefüllte Schale bereitstand. Der Vater, ja, der habe einen alten Freund aufgesucht, war die beiläufige Antwort. Die Frau schaute wie abwesend zum Fenster hinaus – doch plötzlich schien sie zu erstarren, und ihr Blick zeigte ein jähes Entsetzen. Auch ihrem Mann war das aufgefallen, er drehte ebenfalls den Kopf zum Fenster, und sofort vollzog sich dieselbe heftige Veränderung in seinem Ausdruck. „Der Vater!" stießen beide fast gleichzeitig tonlos hervor.

Ich hatte zuvor ihrer Antwort auf meine Frage, wo denn der Vater sei, keine Bedeutung beigemessen – er hatte eben einen alten Freund besucht. Da fiel mir ein, daß dieser Freund jenseits eines sehr lawinengefährdeten Grabens hauste, der durchquert werden mußte. Wie gelähmt saßen die beiden nun da und starrten auf die Türe, vor der man die stampfenden, Schnee abbeutelnden Schritte hörte. Als der Vater schließlich eintrat, fiel kein Grußwort. Sechs Tage war er ausgeblieben, obwohl er am Abend zurücksein wollte – und natürlich hatten die Jungen bei der Gendarmerie keine Anzeige gemacht; denn die hat schon manchen Lawinenverschütteten noch lebend wieder ausgegraben.
Später hörte ich von den Nachbarn, daß alle vom Ausbleiben des Altbauern gewußt und mit großer Spannung darauf gewartet hatten, ob er zurückkommen würde. Er war also zurückgekommen und lebte noch viele Jahre – und kam sogar noch in den Genuß eines Spitalsaufenthalts. Ja, Genuß; denn dort fühlte er sich trotz der Schmerzen wie im Paradies. Die Kost! So etwas hatte er nie zu essen bekommen. Das übliche Gemurre der anderen Patienten war ihm daher vollkommen unverständlich.

Die Härte, die in dem geschilderten Fall dem Vater gegenüber spürbar wird, war nichts Außergwöhnliches. Sich der zur Last gewordenen (Schwieger-)Eltern zu entledigen, war ein Wunsch in den Herzen vieler Jungbauern, der durchaus auch drastische Blüten trieb. So etwa bearbeitete eine eingeheiratete Schwiegertochter ihren Mann so lange, bis er den Stiegenaufgang zur Austragskammer seiner Eltern abriß. Da der Altbauer schon bettlägrig war, mußte seine Frau, um nicht zu verhungern, über eine ans Fenster gelehnte Leiter ins Freie steigen. Da hoffte

man offenbar auf einen Genickbruch „der Alten“ beim Aus- und Einsteigen.
Für die Nachbarn sind solche Fälle ein vollwertiger Ersatz für Theater- und Kinobesuch, und fast nie dringt Derartiges zu den Behörden.

Man ist vielleicht geneigt, diese Kälte den Alten gegenüber zu verurteilen. Und sicher hat es auch mich immer wieder aufs neue schockiert, wenn ich bei der Feldarbeit den Zuruf an die von einem Begräbnis Zurückkehrenden hörte: „Habts eahm verramt?“ Verräumen heißt soviel wie verscharren. Das nicht verzehrbare, an einer Seuche verendete Tier wird im Wald „verramt“. Natürlich wissen auch diese einfachen Leute, daß man bei Menschen von Begraben spricht. Den zur Belastung gewordenen Vorfahren gegenüber aber scheinen menschliche Kategorien nicht mehr zu gelten. Denn was soll man dazu sagen, wenn man von einem Bauern hört, der im Wirtshaus nur deshalb verprügelt wurde, weil er das unverdiente „Glück“ hatte, seine Auszügler-Eltern schon nach kaum einem Jahr zu verlieren – statt noch jahrelang von ihnen belastet zu werden.

Doch es ist angezeigt, die anscheinend so rauhe Gefühlswelt dieser Menschen nur aus dem Blickwinkel ihres unvorstellbar harten Lebenskampfes zu beurteilen. Dieser Alltag läßt oft genug kaum das Allernötigste für die, deren Arbeitskraft noch ungebrochen ist. Und selbst wenn – selten genug! – da oder dort veräußerbare Werte vorhanden sein sollten, verhindert die täglich von früh bis spät drückende Arbeit deren Nutzung.
So war ich zum Beispiel einmal im oberen Stock eines Hauses gewesen und hatte dort einen schlichten, aber sehr alten Kasten gesehen. An seiner Innenseite zeigte

er noch die Reste eines wertvollen Holzschnittes – der allerdings mit groben Schusternägeln befestigt war! Ich hatte darüber kein Wort verloren; wozu hätte ich den Besitzern sagen sollen, daß dieses Blatt, wäre es unversehrt gewesen, ihnen mindestens ein Jahr lang ein leichteres Leben gebracht hätte; denn der Ertrag ihres Kleinstanwesens, ohne Waldanteil, ermöglichte ihnen nicht die notwendigsten Anschaffungen. Mehrfachverwendung der Haushaltsgeräte war die Folge dieses Geldmangels: Der Altbauer benützte ein kleines Holzschaffl zum Waschen seiner Füße, die von Ekzemen überzogen waren. Man hatte aber zuwenig Holzgebinde, um das nur gelegentlich anfallende Fleisch einzupökeln, wenn zum Beispiel in der Nachbarschaft eine Notschlachtung stattfand. Vor dem aus solcher Pökellauge herausgeholten „Bratl" grauste sogar der Nani meines Pächters!

Drückende, bitterste Armut bestimmte also den Überlebenskampf dieser Menschen, ein Kampf, der ganz und gar den biologischen Gesetzen folgt. Ich dachte da immer an den Waldboden. Auf einem Quadratmeter Fläche wachsen oft bis zu 40 Baumkeimlinge. Jedes will leben und wachsen, und so beginnt ihr Kampf um Licht und Platz; welches schneller wächst, überschattet die Nebenstehenden. Da müssen viele vergehen. Und nach ein paar Jahren ist auf dem einen Quadratmeter kaum noch Platz für das eine kleine Pflänzchen, das imstande war, die anderen zu verdrängen. Und ist es bei der Aufzucht der Haustiere anders? Werden nicht die Schwächeren vom Züchter eliminiert? Bei den freilebenden Tieren sorgt die Natur dafür. Und genauso kämpfen auch die an der Besiedlungsgrenze lebenden Menschen mühsam um ihr und ihrer Kinder Durchkommen. Die Logik dieses Überlebenskampfes erscheint uns gesichert lebenden

Städtern oft brutal; doch wie sehr unterscheidet sich unsere Situation von jener, so daß wir uns hüten sollten, einfach unsere Maßstäbe anzulegen.
All die Schreiber von verklärenden Bauernromanen sehe ich in einem geheizten Kaffeehaus sitzen und die Zigarette lässig in der Hand halten. Dabei breiten sie vor dem Leser im Hintergrund den blanken Firn aus, und der glaubt die würzige Tannenluft zu atmen. Vom Schweiß und der Not des Bergbauern ist da kaum die Rede, der in unsentimentalstem Lebenskampf stets von neuem um die Möglichkeit ringt, nicht von seinem Gütl auf der Bergeshöh' abgehen zu müssen.

Allerlei Magisches

Die Jetztzeit hat den Feuerlöscher, das Telefon und die motorisierte Feuerwehr mit ihren langen Gummischläuchen. Was aber hatte man da früher? Nur ein paar aus Stroh geflochtene, geteerte Eimer, die auf dem Dachboden standen und im Notfall, mit Wasser gefüllt, durch hilfreiche nachbarliche Hände vom Brunnen aus weitergereicht wurden, was aber kaum je das vollständige Abbrennen eines Anwesens verhindern konnte. Da es auch noch keine Versicherungen gab, standen die Abbrandler meist völlig mittellos da.

Es blieb also das Gebet und der Beschwörungsversuch, solches Unheil abzuwenden. Aber welch liebliche Form hatte man dafür gefunden: Man steckte in der Johannisnacht je drei als hilfskräftig empfundene Blumen an jedes Fenstergitter über die üblichen Geranienstöcke – das war alles! Die schon betagte Bäuerin am „Vigauner Riedl" erklärte mir dazu freundlich, sie halte es immer noch mit dem alten Brauch für diese Nacht, eine Margerite (offenbar als Symbol für die Sonne), ein Johanniskraut und ein Zweiglein Wermut (Raute) ans Fenster zu stecken. Die Altvordern hätten das seit jeher so gemacht in der Hoffnung, Blitzschlag, Feuersbrunst und anderen Unreim (Unglück) damit abzuhalten. Es war ein Versuch, Zukünftiges zu beeinflussen – in einer sanften, auf magischem Denken ruhenden Form.

Dieses magische Denken war – und ist wahrscheinlich immer noch – auf dem Berg allgegenwärtig. So schrieb man zum Beispiel dem Vor-Vorbesitzer meines Hofes besondere Fähigkeiten zu. Er stand im Rufe,

Heufuhren bannen zu können. Das heißt, er war imstande, allein mit seiner Bannkraft zu bewirken, daß man einen mit Heu beladenen Wagen nicht mehr von der Stelle bringen konnte: Stand da sein Wille dagegen, so nützten alle Vorspannhilfen nichts. Erst wenn man zu ihm schickte und ihn – indem man ihm mehrere Halbe Bier versprach – dazu bewegte, den Bann zu lösen, gelang es, die Fuhre wieder flottzubekommen; dann aber zog schon eine einzige Kuh das Fuder Heu spielend nach Hause.
In der einschlägigen Literatur konnte ich dafür kein Beispiel finden. Wodurch kam der Bauer zu diesen Kräften? War es Einbildung bei den Nachbarn, die er selbstgefällig ausnützte? Aber seine Frau stand gar im Ruf, eine Hexe zu sein. Leider erfuhr ich nie, wieso sie zu diesem Leumund gekommen war, den sonst niemand in der Umgebung hatte. Der viel jüngere Bruder meines Pächters gestand mir aber einmal etwas verschämt, sich immer sehr gefürchtet zu haben, wenn er an diesem Haus vorübergehen mußte. Um da unbeschadet davonzukommen, trug er stets einen geschmiedeten Nagel in der Tasche, den er dann mit der Hand umschloß. Denn das sollte – und konnte angeblich – die Unreim bringenden Wünsche der „Hexe“ entkräften.

So ein Nagel hat in der Hexenzauberabwehr eine lange Tradition, die vielfach schon aufgezeichnet wurde. Da liest man von der Verzauberung einer Kuh, die plötzlich keine Milch mehr gibt. Dies läßt sich allerdings ganz prosaisch durch sekretionshemmende Kräuter im Futter erklären. Was aber, wenn sich die Milch im Butterrührkübel eines Tages trotz heftigen Stoßens nicht in Butter verwandelt? Ein allgemein bekanntes Mittel war es da, mit einem Beschwörungsspruch einen glühenden Nagel in die Milch zu

tauchen – was dann dem Vernehmen nach auch allemal geholfen habe, denn so traf man die übelwollende Hexe! Doch auch dieser Glaube aus einer thermometerlosen Zeit ist sehr einfach aufzuklären. Die um einige Grade zu kalte Milch erwärmt sich nämlich durch das heiße Eisen und läßt sich nun doch noch zu Butter stampfen.
Aber der aus uralten Zeiten kommende Glaube an die Kraft der bösen Wünsche wurde als etwas konkret Vorhandenes empfunden, und nur etwas Spitzes und Glühendes – also ein ebenso greifbarer Gegenstand – konnte dagegen helfen.

Ganz oben am Spumbergrücken hauste in ihrem Austragstübl eine „Wenderin", die alte Schellreiterin. Ich kann über sie nichts Näheres berichten, da diejenigen, die in der Dunkelheit zu ihr kamen, natürlich nicht erzählten, warum sie ihre Hilfe gesucht hatten und ob wirklich eine Wende erreicht wurde. Man habe die Wenderin nur Sprüche murmeln hören und bemerkt, daß sie etwas in ihrer linken Hand umschlossen hielt. Um mir ein Bild über das Wenden zu machen, suchte ich die Alte einmal im Winter in ihrem tief verschneiten, kleinen Bauernhaus auf. Winzige Fensterchen schützten vor Auskühlung. Überall letzte Einfachheit. Auf ihrem Bett eine Tuchent, färbige Polsterüberzüge und viele abgelegte Kleidungsstükke. Darüber ein kleines altes Kruzifix mit anhängendem Rosenkranz. Keine Wortflut noch andeutungsvolle Sprüche waren nun zu vernehmen, auch ihr farbloses, gefurchtes Gesicht sagte nicht viel aus. Wortkarg stellte sie ihre Fragen und hielt dabei etwas in ihrer Hand umschlossen. In neun Tagen sollte ich wiederkommen. Nichts Besonderes hatte sich ereignet. Aber auf dem Heimweg fragte ich mich, warum mir so sonderbar zumute war. Ich wußte es nicht.

Zu meinem namenlosen Erstaunen stellte ich aber die Wirkung einer anderen Wenderin, die auf halber Berghöhe wohnte, fest. Sie galt als „Warzenvertreiberin“. Dem ältesten Buben des Pächterehepaares waren auf einem Fuß und den Waden plötzlich zahllose Warzen gewachsen, und das in einer Dichte, wie ich es vordem nie gesehen hatte. Als dies sogar den Eltern ungewöhnlich vorkam, schickten sie den Buben zur „Hinter-Gemesreiterin“. Als ich ihn danach wieder sah, waren sämtliche Warzen verschwunden. Ich erkundigte mich, wie dieser Wandel zustande gekommen sei, und so hörte ich den etwas zögernden Bericht von der Prozedur:
Die Wenderin nimmt einen selbstgesponnenen Wollfaden und macht damit über jeder Warze, ob groß oder klein, einen „Knipf“ (geknüpften Knoten). Keine einzige Warze darf dabei übersehen werden, und der Hilfesuchende hat absolutes Schweigen zu halten. Die große Willensanstrengung der Wenderin bindet offenbar das kranke Wachstum ab. Der Hilfesuchende geht dann wieder nach Hause, während die Wenderin den Faden mit all den vielen „Knipf“ noch vor Morgengrauen (wohl um dabei von niemandem beobachtet zu werden) vor das Haus trägt. An der Stelle, wo sich das aus der Dachröhre kommende Wasser auf den Boden ergießt, wird die Schnur vergraben. Bis der Faden mit den Abbindungen verfault ist, sollen auch die Warzen restlos verschwunden sein. Und so war es!

Die Lebensgrundlage des Bauern ist sein Vieh. Wird es krank, so ist auch seine eigene Existenz in Gefahr. Was Wunder also, daß dem Wohlergehen der Tiere höchste Aufmerksamkeit gewidmet wurde; und da erstaunt es auch nicht, daß gerade in diesem Bereich Wundermitteln und Aberglauben Tür und Tor geöffnet waren.

Zum Beispiel dem „Kettenroadln“ – einer Methode, die Heilung eines erkrankten Tieres zu beeinflussen, die im volkskundlichen Schrifttum belegt ist und die ich auf dem Spumberg auch aus eigener Anschauung kennenlernte:
Auf halber Höhe über Waidach liegt das alte „Vorder-Lackengut“. Hier wurde seinerzeit der Bauer zur Viehheilung mittels „Kettenroadln“ aufgesucht, denn ihm wurde diese Fähigkeit zugeschrieben. Dazu hatte man ihm die Kette des kranken Rindes zu bringen. Er stieg damit auf den Dachboden und umwickelte eine der Dachstuhlverstrebungen, an der mehrere Hölzer zusammenstoßen (Andreaskreuz), mit dieser Kette. Wichtig war dabei, daß er sie mit all seiner Kraft anspannen und mit dem Knebel schließen mußte, während er allerlei Sprüche zu sagen hatte. Blieb die Kette so eng verschlossen, so war dem Vieh nicht zu helfen. Hing sie aber nach ein paar Tagen schlaff herunter, so genas die Kuh, und ihr Besitzer holte sich mit vielem Dank die Kette zurück. Der Lackengut-Bauer, der vier Söhne hatte, verriet aber keinem seine Sprüche, wie er auch nie jemanden beim „Roadln“ zusehen ließ: Alles Sprechen und Tun in diesem Zusammenhang geschah mit größter Heimlichkeit. Aus welchen Zeiten stammte wohl solch eine Tätigkeit – oder sollte man sagen: solches Wissen?

Als in sehr fernen und dunklen Zeiten wurzelnd empfand ich jedenfalls oft die Wesens- und Denkungsart meines Pächters. Aber gerade durch seine unbewegliche Starrheit bot er Altübernommenem noch Platz. So fand ich es lange höchst verwunderlich, wenn ich aus seinem Mund das Wort „Helfenbein“ hörte. Bis ich herausfand, daß er damit eine uralte Bezeichnung für das früher als hilfskräftig empfundene Elfenbein verwendete! Nie hatte er solches gesehen – aber mit seiner ungefügigen Sprache versuchte er die wunderbare Wirkung dieses „helfenden Beins“ zu schildern, das angeblich bei allen Übeln von Nutzen war. Seit dem Mittelalter hatte sich hier diese Mär erhalten.

Außer dem großen, harten Kinn sind mir die Gesichtszüge des Pächters vollkommen entschwunden. Aber bildhaft ist er mir als dunkle Gestalt in Erinnerung geblieben, wie er vor dem Hause steht und zur Scheibe des Vollmondes am nachtblauen Himmel aufblickt – und da nicht, wie sonst, sein Vieh, seine Kinder und das „Grasei“ betrachtend. Gab es also doch etwas, das diesen späten Nachkommen aus der Frühzeit der Menschheit von seinem engsten Umkreis ablenken konnte?
Wieder einmal sah ich ihn so in die Betrachtung des Vollmondes versunken stehen; da hörte ich ihn, während er starr hinaufblickte, ganz langsam und gedehnt, fast andächtig sagen: „das Maan“. Eine schon längst außer Gebrauch gekommene Bezeichnung für den Vollmond kam da aus fernen Tiefen wieder herauf. Welch archaische, ganz unbewußte Vorstellungen von höheren Ordnungen meldeten sich da in diesem sonst so rohen, erdhaften Menschen.

Weniger überirdisch, dafür aber genauso unwiderstehlich war die Wirkung jenes schon erwähnten Vorderlackengut-Bauern auf die Frauen in seiner Umgebung. Man erzählte, daß eine von ihm ganz betörte Magd ihn trotz unerwiderter Gefühle jede Nacht aufsuchen wollte, so daß ihr Bruder sie jeden Abend an die Bettstatt kettete und erst am frühen Morgen, zur Arbeit, wieder von den eisernen Banden befreite. Und auch andere weibliche Wesen sollen dieser seiner männlichen Anziehungskraft fast hilflos ausgeliefert gewesen sein.

Zu diesem Thema paßt recht gut eine wundersame Begebenheit, die ich nicht nur aus Berichten anderer wiederzugeben vermag, sondern deren Zeugin ich selbst geworden bin. Um einer etwa gleichaltrigen, langjährigen Bekannten meinen Almbesitz und die schöne Aussicht zu zeigen, nahm ich sie eines Tages mit hinauf auf den Spumberg, wo wir auch übernachteten. Ein Zimmer stand da zur Verfügung, in das ich vier Liegestätten, jeweils zwei Betten übereinander, hatte einbauen lassen. Wir bezogen die zwei unteren Betten und legten auf die oberen unsere Rucksäcke und Mäntel. Sie, die Zartgebaute und stets Untergewichtige, schlief bald ein, was ich an ihren leisen, regelmäßigen Atemzügen hörte. Ich lag noch länger wach und dachte darüber nach, was ich trotz morgiger Grundbesichtigung nebenbei noch an Arbeit erledigen könnte. Es waren sehr alltägliche Überlegungen, ohne jegliche Problematik. Eine gute Stunde mochte in vollkommener Stille vergangen sein, zu hören war lediglich das gleichmäßige Plätschern des Brunnens vor dem Hause.
Plötzlich gab es einen ohrenbetäubenden Krach über dem Bett der schon Schlafenden. Vor Schreck zog ich mir die Decke über den Kopf, da ich dachte, es müsse der Dachstuhl eingebrochen sein. Auch meine Freundin fuhr in die Höhe und fragte verängstigt, was denn geschehen sei. Ich zündete eine Kerze an – und da sahen wir drei Betteinsatz-Bretter an der vorderen Seite jener Bettstatt herunterhängen, unter der meine Freundin geschlafen hatte. Nicht über ihrem Kopf, sondern nur über ihrem Leib. Wie war so etwas nur möglich?
Die zu Tode Erschrockene sagte, daß sie soeben geträumt hatte, das Haus breche über ihr ein, doch es kann natürlich sein, daß sie das in einen Blitztraum erst nach dem Krachen eingebaut hatte.

Mit Mühe zog ich die noch in der hinteren Bettleiste steckenden Bretter heraus. Der obenliegende, prallgefüllte Strohsack hing aber trotz der drei fehlenden Latten nicht durch. Völlig ungestört bot sich auch die mit Bettdecke und abgelegten Kleidern zugedeckte Oberfläche des Bettes dar – kurz: Es konnte nicht Druck von oben gewesen sein, wodurch die Bretter aus ihrem Rahmen gesprungen waren. Kopfschüttelnd und etwas mißtrauisch legten wir uns wieder nieder und schliefen bis zum Morgen.
Die Pächtersleute, die, nur durch einen Vorraum von uns getrennt, im selben Stockwerk schliefen, hatten den Krach natürlich auch gehört. Ich zeigte ihnen, daß auf diesem oberen Bett unter der Überdecke viele Polster und Ersatzdecken lagen, alles wie am Vorabend vollkommen unverändert. Auch sie schüttelten die Köpfe und zuckten mit den Achseln. Nachbarn kamen, um sich das anzusehen und machten dumme Witze, daß da oben eben noch ein dritter – natürlich ein Mannsbild – herinnen gewesen sei. Ich räumte das ganze Bett aus, um die Bretter wieder einzulegen, doch mußte ich dazu einen Hammer nehmen, um sie hineintreiben zu können, denn exakt streng und gleichlang hatte sie der Zimmermann eingepaßt. Ich bat zwei muskelstarke Nachbarn, doch zu versuchen, das Bettlängsbrett so weit vorzuziehen, daß dadurch eine größere Innenweite entstehe – denn ich wollte ausprobieren, ob so die Einlegebretter durchfallen könnten. Jeder versuchte es und konnte trotz kräftigsten Bemühens das Längsbrett keinen Zentimeter vorziehen. Es war und blieb eine rätselhafte Sache! Lag es vielleicht an einer der Vorbesitzerinnen des Hauses, die als Hexe verschrien war?
Später suchte ich P. Alois Mager auf, dessen Ruf als Professor für Psychologie an der theologischen Fakultät in Salzburg bis nach Rom gedrungen war (und der

als von dort Beauftragter auch das Geschehen in Konnersreuth zu untersuchen hatte). Ich erzählte ihm den Vorfall ausführlich und genau. Er bezeichnete ihn nur als eine Varietät von unzähligen bekannt gewordenen Fällen aus allen Ländern. Besonders die russische Forschung habe den seelischen Kräften, die dabei offenkundig im Spiel waren, besonderes Augenmerk gewidmet. Der Auslöser dieser Phänomene sei fast immer eine Halbwüchsige im jungfräulichen Zustand. Die Spannungen ihres Gemütszustandes seien es, welche die ihr vollkommen unbewußten, heftigen Poltergeräusche verursachten, aber auch Vorgänge wie durch das Zimmer geschleuderte Gegenstände. Nach dem Verlust der Virginität würden diese Erscheinungen meist schlagartig aufhören. Da dieser Verlust bei meiner Bekannten bestimmt nie eingetreten war, konnte das vielleicht eine Bedeutung geben.

Zirka zwei Jahrzehnte später erzählte mir dieselbe Frau von großem Verdruß mit ihren neuen Pächtersleuten. Jahrelang standen ihre zwei Kühe in einem nachbarlichen Stall. Als ihn der Bauer neu aufbauen wollte, mußten sie von dort weg. Sie baute nun selbst einen kleinen Stall mit Pächterwohnung. Nach deren Einzug traten dort nächtens arge Lärmstörungen auf, aber man fand dafür keine Ursachen. Die Eingezogenen begannen sich zu fürchten. Sie baten bald diesen, bald jenen männlichen Verwandten, bei ihnen die Nacht zu verbringen. Es erschraken aber alle über die unerklärlichen, heftigen Geräusche. Und so verließen sie mehrere Pächtersleute in Ratlosigkeit, denn niemand wollte mehr dort einziehen.

Der Pächter

Sind die Besonderheiten einer urtümlichen Lebensform nur durch die Beschreibung der Arbeitsweise, des Geräts und des sprachlichen Ausdrucks anschaulich zu machen? Ich denke, es kann ebenso aufschlußreich sein, Verhaltensweisen zu betrachten, die sich nur durch härtesten Lebenskampf herausbilden konnten.

Beim Niederschreiben der Erinnerungen an die Zeit des Almbesitzes schält sich als Hauptfigur der Pächter heraus. Nicht so sehr, weil sich bei einer Verpachtung immer Unstimmigkeiten ergeben, sondern weil dieser Mann ein später Nachzügler einer schon längst vergangenen Lebensform war.
In einer groben Einteilung der Frühzeit der Menschheit unterscheidet man den „Niederen Jäger" – der gleich dem Tier nur von seiner Beute lebte – vom erst viel später auftretenden „Viehzüchter", der sich die Tiere zu Haustieren machte, mit ihnen umherzog, sich aber nicht um den abgeweideten Boden kümmerte, sondern als Nomade weiterzog. Erst als er seßhaft wurde und Vorräte für sich und das Vieh anlegte, wurde er zum Bauern. Vielleicht kann man die Viehhaltung auf Alm-Höhe als eine Art Zwischenlösung sehen, eine Frühform der Lebensarten, deren Ansätze sich dank der Abgelegenheit im Gebirge noch erhalten haben.

Die Zwangs-Schulbildung ist noch nicht alt, und für das weitab der Schule lebende Bergkind war sie immer etwas gelockert. Da fuhren noch keine Schneepflüge, und der Schulweg war Sechsjährigen nicht zumutbar. Viele lernten daher auch kaum mehr, als

ihren Namen zu schreiben. So sah ich bereits an den Unterschriften auf der Kaufurkunde meines kleinen Besitztums, daß von den sieben vorherigen Teilbesitzern vier nur unter großer Mühe ihren Namen hingemalt hatten, während die restlichen drei überhaupt nur mit den berühmten drei Kreuzeln gefertigt waren.
Die einfachen Menschen dieser abgeschiedenen Berggegend waren allesamt nie aus ihrem engsten Umkreis herausgekommen. Am Anfang wunderte ich mich oft, wenn ich sie von irgendwelchen Ausländern sprechen hörte, weil ich solche da oben nie zu Gesicht bekam. Erst nach und nach erkannte ich, daß sie als Ausländer zum Beispiel schon die Oberalmer bezeichneten, also Bewohner der Nachbargemeinde! Von denen, die hinter dem Paß Lueg hausten, keine zwanzig Kilometer entfernt, war schon gar nicht mehr die Rede. Etwas davon zeigte sich auch bei gelegentlichen Fragen, welcher Gegenstand ihnen in der Schule der unangenehmste gewesen sei. Da lautete die Antwort immer: „die Erdkunde". Unbewußt störte es sie offenbar, davon zu hören, daß die Welt größer ist als ihre Gemeinde.

Etwa dieser Bildungshorizont war auch der meines Pächters. Da ich bald bemerkte, daß er des Lesens und Schreibens unkundig war, forschte ich vorsichtig nach dem Grund. Er war Jahrgang 1908 und hatte schon immer heftigste Abneigung gegen die Notwendigkeit des Schulbesuchs verspürt, besonders dann, wenn zu Hause eine Kuh kälberte oder gerade ein Viehhandel im Gange war. Das Gekritzel in der Schule war doch nicht annähernd damit zu vergleichen, wenn man zu Hause die Spielregeln eines Kuhverkaufes aus eigenem Erleben lernen konnte! Begreiflich, wenn man bedenkt, daß die Anschaffung und

Haltung des Viehs seit Jahrtausenden die Grundlage der Existenz war. Schon in jungen Jahren wurden die Kinder zum Viehhüten gebraucht, und auf immer dem gleichen Weidegrund hatten sie da nur ihr Vieh im Auge zu behalten. Welch krasser Unterschied zu den vielfältigen Eindrücken auf der Straße, die sich dem Stadtkind bieten!

Was war dem Pächter, als er gegen Ende des Krieges noch einrücken mußte und so bis Norwegen kam, an dem weiten Gebiet aufgefallen? Nicht die großen Hafenstädte, die Schiffe oder gar das Meer; nur die vielen bäuerlichen Anwesen, die er da vom Zug aus sah! Kein Wort auch über die Kriegseindrücke, sondern nur über seine dortige Stallarbeit und auch darüber, wie er sich dabei an mißliebigen Vorgesetzten im Stall rächen konnte.

Viel größer, als man in der Stadt ahnt, ist die Abneigung der Hochberger gegen „die Stadinger" (Stadtleute). Die sitzen alle in geheizten Büros und schreiben das Papier voll, das dann als Vorschreibung zu ihnen kommt und unverständlich und gefährlich ist – wogegen sie bei jedem Wetter ungeschützt auf dem Feld arbeiten müssen. So ließ sich einer, der im Winter in der Stadt Maurerarbeiten verrichtete, einmal in erbittertster Weise mir gegenüber aus: daß er Mörteltruhen schleppen müsse, wo ein anderer gar nichts tue als stundenlang auf die Tasten der Orgel zu drükken! Er war zu Reparaturarbeiten im Salzburger „Mozarteum" eingesetzt worden und hatte da diese ihm völlig fremde Beschäftigungsform gesehen.

Beim Anblick von hoch am Himmel fliegenden Flugzeugen hörte ich sie öfters sehr ärgerlich sagen: „A Gscheiden hams in ean!" Die Fluggeräte wegen der von ihnen zurückgelassenen gekräuselten Kondenswölkchen als „Himmischreiber“ zu bezeichnen, zeugt zudem von einer anschaulichen Beobachtungsgabe.

Im Kaufs-Übernahme-Inventar meines Almanwesens befanden sich einige Ackergeräte aus fast archaischen Zeiten; darunter ein hölzerner Pflug, der schwerfälligst die Erde aufriß, um das einzige da oben noch Mögliche anzubauen – nämlich Berghafer. In Tallagen pflügte schon lange niemand mehr mit solchen Ungetümen. Ich sparte also einiges Geld zusammen, um einen modernen eisernen und viel leichteren Bergpflug erwerben zu können. Leider. Denn für den Pächter war er etwas Neues, also weigerte er sich, ihn in Gebrauch zu nehmen. Und so landete das teure Gerät bei einem Bauern auf halber Bergeshöhe.
So restlos lehnte dieser Mann alles Städtische und nicht zur primitivsten Lebensform Passende ab, daß er jedesmal „einen Gachen“ (Zornausbruch) bekam, wenn ihm etwas Derartiges zu Gesicht kam. Zum Beispiel hatten er und seine Frau eine von ihren Nichten, die sonst im Tal lebte, als Kinderhilfe eingestellt. Sie hatte ein Stachelbügeleisen mitgebracht. Er kam in die Stube und sah sie da seine Hose bügeln. Wütend entriß er ihr das Eisen und sagte, er wolle nicht aussehen wie ein Stadinger, und Bügeln sei überhaupt eine völlig unnütze Tätigkeit – womit er ja von seiner Lebensweise aus gewiß nicht unrecht hatte.
Sprach man von den Vorteilen eines Stromanschlusses, so bezog er auch da prinzipiell Opposition. Als diesbezüglich angefragt wurde, konnte ich nichts erreichen, denn das wäre mit Fuhrschichtenableistung verbunden gewesen, und die hätte ich selbst nie leisten können. Der Pächter hätte sie auch gegen Bezahlung nicht übernommen.
Heute noch wundere ich mich, daß das Haus nicht jede Nacht abgebrannt ist. Denn wenn das Pächterehe-

paar die vier Kinder in das große Bett brachte, tropften sie ein ganz kleines Kerzerl – neben den heugestopften Polster – auf das Bettbrett, dessen schmale Kante sich schief zum Kopfteil des Bettes hinaufzog. Unmittelbar daneben standen die Strohhalme aus dem nur schmal von einem Laken bedeckten Strohsack heraus. Da lagen nun die kleinen Kinder, und am Boden ein Haufen abgelegter Kleider. Wenn ich darüber jammerte und die Eltern bat, doch meinen ihnen gebrachten eisernen Kerzenleuchter zu verwenden (er kam nie in Gebrauch!), bekam ich immer nur ein höchst gereiztes: „Is nia nix gschehn!“ zu hören. Und es brannte wirklich nie ab!

Ich hatte im Oberpinzgau Saatkartoffeln aufgetrieben, was während der Kriegszeit sehr schwierig war. Es war allein schon ein Unternehmen, sie (per Boten) bis Adnet zu bringen. Hier holte sie der Pächter ab. Es war aber nicht zu erreichen, daß er sie mit meiner Hilfe gesetzt hätte: Er setzte die Pflanzen allein, sowohl seinen Anteil, als auch meinen. Als sie schließlich blühten, verstand ich, warum. Meine blühten lila, seine gelblich, und es war unschwer auszumachen, wessen Teil des Saatgutes er im schattigeren Teil beim Wald gesetzt hatte! Dabei hatte er nur den Rasen in Platten abgehoben, angezündet und oberflächlich angekohlt und verkehrt – ohne Erdzerkleinerung – auf die Kartoffeln gelegt. Er behauptete, das sei die beste Methode. Von einem Häufeln war überhaupt keine Spur. Er war eben nur ein guter Viehzüchter, hatte aber für den Boden keine Hand.

Auch das folgende Beispiel zeigt die völlige Unüberbrückbarkeit unserer Einstellung zu gedeihlicher Zusammenarbeit.
Trockene Tannenzapfen geben ein vorzügliches Unterzündmaterial ab. Da es während des Krieges auch

an Papier mangelte, besorgte ich mir in der Stadt durch Tausch sechs rupfene, große Säcke und trug sie auf den Spumberg, wo ich sie unter unaufhörlichem Bücken mit auf der Ötz gesammelten Zapfen anfüllte. Von dort trug ich jeden einzelnen der nun schwergewichtigen, zusammengebundenen Säcke zum Haus und bat den Pächter, sie zum Boten nach Adnet zu fahren. Dort kamen sie aber nie an. Als ich später wieder den Schupfen betrat, traute ich meinen Augen nicht: Da lagen meine mühsam gesammelten Zapfen, von den Säcken aber fehlte jede Spur! Aufs höchste erregt lief ich in die Pächterwohnung und fragte Nani, was denn das zu bedeuten habe. Sie aber entgegnete nur herausfordernd: „Er hat die Säck' 'braucht!" Mit versagender Stimme hielt ich ihr vor, daß er die Zapfen wenigstens hinter einer Bretterwand in der Ecke hätte ausleeren können anstatt auf den Boden, wo sie zu unbrauchbaren Schuppen zertreten wurden. Es wäre dies wohl das Mindeste an Achtung vor fremdem Gut gewesen, um das ich mich immerhin Hunderte Male hatte bücken und es von weither schleppen müssen. Doch im offenbaren Einverständnis mit der grenzenlosen Rücksichtslosigkeit ihres Mannes zuckte Nani nur die Achseln und sagte wieder: „Er hat die Säck' eben 'braucht!"

Oft wurden mir schon beim Aufstieg Bemerkungen übermittelt, die er unvorsichtigerweise über mich gemacht hatte. So hörte ich öfters, daß er ankündigte, er werde es schon so weit bringen, daß „die Frau a geht" und er „es fast gschenkt kriegt", nämlich das ganze Anwesen. Das war sein wohl begreiflicher und auch deutlich erkennbarer Wunsch. Daß er dabei aber nie trachtete, soviel wie möglich noch auf meine Kosten verbessern zu lassen, stand eben im Widerstreit mit seinem Verlangen, daß ich als die Noch-Besitzerin da-

mit möglichst Schaden erleide. Da erfuhr ich wieder einmal, bevor ich noch oben war, daß es in meinem Dach „eingeht" (hineinregne). Und zwar über dem Zimmer, wo der Pächter mit seiner Familie schlief. Er habe aber nur die Betten verschoben, so hörte ich, und werde mir nichts davon sagen. Als ich fragte, warum, da ich es doch sicher gleich ausbessern lassen würde, sagte man mir, daß man ihn das auch gefragt hätte. Er habe darauf geantwortet: „Wird ja net bei mir hin, sondern bei der Frau." Oben angekommen, sah ich dann tatsächlich die verschobenen Betten und die nassen Flecken auf dem Boden.
Auch von den fast nie geschlossenen Türflügeln zur Tenne berichtete man mir. Jeder Bauer schließt sie am Abend, um heimliche Übernachtungen im Heuboden auszuschließen. Aber auch, um bei einem aufkommenden Wind oder gar Sturm das heftige Zuschlagen des Tennentores zu vermeiden, weil dadurch das Gefüge der Dachkonstruktion geschädigt wird. Also, warum hätte der Pächter sie schließen sollen? Es war ja nicht sein Dach!

Im Sommer, zur Zeit der Heuernte, war ich, vielfach auch mit meinen Kindern als Hilfe, oben; ich kochte für uns und belastete auch mit keiner Jause die Pächtersleute, weil wir sonst in Abhängigkeit gekommen wären. Aber sehr erweckte die kostenlose Hilfe durch meine Kinder den Neid der Nachbarn!

Während des Krieges wurde für die höhergelegenen Bergbewohner die Post nur zweimal in der Woche ausgetragen, und natürlich war man im Krieg doppelt neugierig, vom Geschehen zu erfahren. In der Mittagspause der Feldarbeit eilte ich daher gleich zu den Zeitungen, um wenigsten die Titel zu überfliegen. Nani, die Pächterin, mußte nach der Feldarbeit sofort zu kochen anfangen, während ihr Mann dengelte oder nach dem Vieh sah. Ihre unbezähmbare Abneigung gegen alle „Lesenden" brachten sie da immer mit aggressiven und verletzenden Bemerkungen zum Ausdruck; denn eine Frau lesen zu sehen, war ihnen unerträglich, selbst in der kurzen Zeitspanne, bis der Herd frei war und ich das Essen für uns bereiten konnte.

Der ärarische Grundstreifen, der als freier Zugang zu dem staatlichen Waldbesitz am Schlenken führt, war früher ein einziger lehmiger Morast. (Heute ist er für mich nicht wiederzuerkennen, denn er ist in voller Breite asphaltiert, und Dutzende Autos parken hier.) Um zum Haus zu gelangen, mußte man diesen Lehmsumpf überqueren. Die Schuhe der von der Schule kommenden Kinder wurden wegen der Lehmkrusten dann einfach in den Brunnentrog geworfen und da dic längste Zeit „wassern" gelassen, um sie vom Lehm zu befreien. Eines Tages wurden mir die Pfützen zu dumm, und ich schleppte große Steinplatten herbei, die ich als Übergangshilfe in die morastige Furt legte; selbstverständlich mit dem nötigen Unterbau von kleineren Steinen, die ich dort schon lange zusammengetragen hatte, so daß man schließlich wirklich „die Gass" trocken überqueren konnte. Nani sah sich das an, sagte aber kein Wort dazu. Worauf ich die Bemerkung machte: „Ist es nicht besser so, als daß man sich immer die Schuhe vollkommen mit Lehm verkrustet?" Sie sagte noch immer nichts, erst nach einer Weile kam das, was ihr nicht paßte, heraus: „Da haben ja die andern aa was davon!" Meine Betroffenheit über solches Denken konnte ich nur mindern, indem ich mir seine Wurzeln zu erklären versuchte. Wer aufmerksam Nordische Sagas gelesen hat, wird bald das „Leitmotiv" darin gefunden haben.
Besonders bedrückend war es, wenn ich mit dem Pächter allein zu arbeiten hatte. Stundenlang fiel

kein Wort, was ich ganz in Ordnung fand, weil bei flotter Arbeit sowieso kein Bedürfnis nach Gespräch und Unterhaltung vorhanden ist. Umso unangenehmer traf es mich dann aber, als einzigen Satz das Herausbrechen seiner Gedanken zu hören: „Gschenkt hast es bekommen!“ Hatte ich doch einmal gesagt, daß ich ein Grundstück bei der Stadt als Heiratsgut bekommen hatte und dieses mir den Kauf des jetzigen Almbesitzes ermöglicht hatte.
Diesem unaufhörlich bohrenden Neidgefühl hatte er schließlich sogar einige Tage in Gerichtshaft zu verdanken (was mir natürlich auch wieder nur die Nachbarn eifrigst berichteten). Er hatte, ohne daß der mindeste Streit vorangegangen war, seinem Onkel eine starke Kopfverletzung zugefügt, der am Wirtshaustisch vornübergebeugt halb eingeschlafen war. Daß dieser, ein wohlbestallter Bauer, schon fast in Tallage und daher besser gestellt, den Besitz von seinen Eltern bekommen hatte, war für den Pächter eben wieder geschenkt! In der aufwallenden Empörung darüber sprang er auf den Wirtshaustisch und bearbeitete den Kopf des Schlafenden mit heftigen Fußtritten.

Auch noch nach einem halben Jahrhundert bedrückt mich all dieser Verdruß, und vor allem stimmt mich der Gedanke traurig, wie positiv für den Besitz – und schließlich auch für mich – sich diese Jahre hätten auswirken können, hätte ich einen anderen Pächter gehabt.

Brauchtum

Lebensart und Brauchtum kann nur durch eine Fülle von Vergleichsbeispielen erfaßt werden. An Bräuchen konnte ich da oben allerdings nur sehr wenig beobachten. Daß zu „Stephani“ und am Neujahrstag die Böllerbüchsen zu Ehren kommen, ist ja keine Besonderheit. Auch das Schweineschlachten vor den Feiertagen ist allerorten üblich und bringt, wie überall, auch auf der Alm immer große Aufregung und viel Arbeit mit sich.

Entsprechend der großen Kargheit dieses Lebens werden dem weihnachtlichen Kletzenbrot keine teuren Rosinen oder andere Südfrüchte in den Brotteig gegeben. Nur die im Backofen gedörrten Birnen kommen da in Verwendung, manchmal auch ein paar Zwetschken. Diese Einfachheit auch in feierlichen Angelegenheiten ist typisch für die Hochberger. Typisch für das Leben in der Stadt ist hingegen, was sich dort aus diesem ursprünglichen, aus geringsten Zutaten bestehenden Kultbrot entwickelt hat. Durch exotische Früchte und Verdrängung des Mehlanteiles entstand jenes Früchtebrot, das nur noch von einer Teigrinde, die alles zusammenhalten muß, umgeben ist. Noch in den dreißiger Jahren sah man in Hallein in den dort üblichen Goden-(=Paten-)Gaben wie Kipferln und Striezeln nur die schwarzen Zibeben, weil Rosinen das Gebäck zu sehr verteuert hätten.

Den Heiligen Abend verbrachte man heroben auf dem Berg, indem man, auf dem Stubenboden kniend, gemeinsam den Rosenkranz betete, während Weihrauch auf die Herdplatte gestreut wurde. Schon am Vormittag hatte die Bäuerin das Essen vorbereitet, das nach der Rückkehr von der mitternächtlichen Mette eingenommen wurde. Um diesem weihnachtlichen Festgottesdienst beiwohnen zu können, mußten weite, stundenlange Anmärsche auf verschneiten Wegen nach Krispl oder Adnet bewältigt werden. Dafür warteten dann bei der Rückkehr eine heiße Schweinssuppe, Würstel und Sauerkraut und auch Krapfen auf die Heimkehrer. Für die Kinder hatte man in der Stube einen kleinen „Boschen“ (jungen Nadelbaum) aufgestellt und ihn mit roten Apferln umgeben, aber ganz ohne Flitterschmuck.

In den zwanziger Jahren konnte ich in der Nähe von Hallein einmal Zeugin einer einfachen, aber umso eindrucksvolleren Art, den Heiligen Abend zu begehen, werden. Ich hatte der alten Austragbäuerin von „Lasterhub“ am Riedl ein kleines Geschenk gebracht, denn zu Hause war schon alles vorgerichtet. In ihrem Austragstüberl war kein Tannenbäumchen zu sehen, aber auf einem kleinen Tisch stand ein Kruzifix, rechts und links davon ein Leuchter aus Bauernsilber (silberfoliiertes Glas). Darunter lag ein rot eingehäkeltes, quadratisches Deckchen, ein sogenanntes Heiliggeist-Deckchen. Es zeigte in Kreuzstich das Monogramm Christi (IHS), welches kreisrund mit diesem Zierstich eingerahmt war. Ich hatte schon oft solche etwa fünfzig Zentimeter großen, gestickten Deckchen im Handel oder auch im Museum gesehen, aber nie erfahren können, wozu sie in Gebrauch genommen wurden. Nun zündete die Altbäuerin zwei Kerzen an, holte einen großen Laib Kletzenbrot, legte ihn auf das Deckchen und sprach ein Gebet. So erfuhr ich, daß so eine bestickte Leinenunterlage nur bei außergewöhnlichen Gelegenheiten in Verwendung komme, wie etwa bei Aufbahrungen im Hause oder eben für diesen Laib mit seiner überkommenen, kultischen Bedeutung. Bevor ich ging, schnitt die alte Lasterhub-Bäuerin für mich noch einen Scherz vom Laib ab (und erst viele Jahre später erfuhr ich, daß das Scherzabschneiden mehr als eine Kostprobe bedeutet – nämlich Bevorzugung und Zuneigung; so war es auf dem Berg allgemein üblich, daß zur Weihnachtszeit eine Unverheiratete nur ihrem Liebsten einen Kletzenbrotscherz reichte). Als sie dann noch etwas melancholisch erwähnte, früher sei dieser Brauch der weihnachtlichen Darbietung des Kletzenbrotes überall üblich gewesen, war ich beglückt, davon noch Zeugin geworden zu sein.

Bäuerliche Kindererziehung

Groß ist der Unterschied zwischen städtischer und bäuerlicher Kindererziehung. Wohl haben beide dasselbe Ziel, nämlich lebensfähige, tüchtige Menschen, aber da die Ansprüche, die Beruf und Umwelt in der Stadt stellen, ganz verschieden von denen auf dem Land sind, so kann man sehr unterschiedliche Methoden erkennen, die auch schon im frühesten Kindesalter angewendet werden.

Besucht der Städter gelegentlich eine bäuerliche Familie, so fällt ihm in der Regel nur das übermäßig warm eingepackte Wickelkind auf, das blaß und dick unter einem Berg von Decken nahe beim Ofen liegt. Nie kommt es vor das Haus an die Sonne, denn da würde es sich, uralten Vorstellungen zufolge, sofort verkühlen. Ohne Bedenken aber wird es abends von der warmen Stube in die eisige Schlafkammer hinaufgetragen.
Den ganzen Tag ist jemand beim Kind und schiebt den Wagen langsam hin und her; fängt das Kind trotzdem zu schreien an, so wird es auf den Arm genommen und geschaukelt. Ist keine ältere Frau im Haus, so muß eine junge das „Locken" auch dann übernehmen, wenn ihre sonstige Mitarbeit im Haushalt dringend vonnöten wäre; denn den Säugling läßt man nicht schreien! Der körperlichen Nähe und Wärme und dem andauernden und unmittelbaren Kontakt zu den Eltern wird große Bedeutung zugemessen. Daher wird nur in seltenen Fällen ein Kleinstkind wegen Überlastung der Mutter aus dem Haus gegeben. In mehreren Fällen habe ich selbst erlebt, daß Großeltern starken Widerstand dagegen einlegten, wenn sie von den Klagen der Mutter hörten, die neben der

ganzen Stall- und Hausarbeit und der Versorgung von drei schon vorhandenen Kleinkindern nun auch noch ein viertes zu betreuen hatte. Argument ihres Einwandes war stets: Die Kleinwesen müssen von allem Anfang an in ihrer engsten Familie aufwachsen, damit sie sich dort „angewöhningen“. Dasselbe sei auch für die Eltern notwendig – nämlich der ununterbrochene Kontakt. Eine auch nur ein oder zwei Jahre dauernde Lösung wirke sich schon als entfremdend für das Zusammengehörigkeitsgefühl aus! (Doch wird dieses Argument auch durch Stadtkinder bestätigt, die in späteren Jahren an verminderter Kontaktfähigkeit leiden, wenn sie in zartem Alter einem Kinderheim oder Pflegeeltern übergeben wurden.)
Allerdings: Von einem Bauern, der selbst Vater von 18 Kindern war (aus erster Ehe waren es zwei, die Frau starb im zweiten Wochenbett; die zweite Frau brachte noch 16 Kinder zur Welt), gab es dann auch keinen Widerspruch mehr, als von Seite der fleißigen Frau seines Sohnes ein solcher Wunsch nach Entlastung geäußert wurde.

Wenn diese Behütung des Kindes bis zu einem Alter ginge, in dem man es unbesorgt für einige Zeit allein lassen kann, wäre gegen die ununterbrochene Wartung weiter nichts einzuwenden; aber dann erfolgt ein jäher Übergang in das Gegenteil, und zwar schon in einem Alter, in dem der Städter erst anfängt, das Kind dauernd zu überwachen! Sobald es sicher auf den Beinen steht, so ist es auf dem Lande in das Alter gekommen, in dem es beinahe alles tun darf, denn „es versteht's ja no net“.
Es kann ohne Zurechtweisung zerschlagen und herunterreißen, auch nach Herzenslust mit Gabel und Messer in der Stube umherlaufen und überall hinaufsteigen. Fällt es herunter, so wird es wohl bedauert,

darf aber ungehindert sofort wieder hinaufsteigen: „Es wird's schon lernen, haben's die andern aa glernt."
Auf der Bank kniend erreicht es beim Essen den Tisch der Großen. Es bekommt Napf und Löffel und ißt allein. Besteck samt Speise fallen bei jeder Mahlzeit mehrmals auf den Boden, und das Kind bekleckert sich über und über. Keinen Menschen kümmert das. Wenn der Städter das mit Flecken übersäte Kleidchen bedauert, heißt es: „Soll aa a Freid habn", und nicht, wie man erwarten würde: „Es wird schon wieder gewaschen werden." Sogar Werkzeuge darf ein Kind dieses Alters unbrauchbar machen – was ein paar Jahre später schwersten Verweis zur Folge hätte. Daß es mit Hund und Katze und allem, was da kreucht und fleucht, ganz nach eigener Lust umgehen kann, ist selbstverständlich, denn wenn sich das Getier dann wehrt und dem Kind eine kleine Verletzung zufügt, so wird es daraufhin schon vorsichtiger werden. Eine ganz eigene Einstellung gegenüber dem Tier zeigt zum Beispiel das kindliche Spiel mit Fliegen als Zugtieren: Dabei wird der gefangenen Fliege eine Stecknadel nur mit der Spitze in den Hinterleib gestoßen. Die Fliege stirbt nicht gleich, sondern zieht auf dem Tisch die Nadel hinter sich her, begleitet von den Rufen der Kinder: „Ziag, Schimmi [Schimmel], ziag!" Damit wird eine Arbeitsleistungsprobe beobachtet.

Fast nichts, was das Kind in den Mund stecken kann, wird ihm entrissen, denn niemand denkt an die Gefahr von Bazillen. Selig knetet und gräbt es mit seinen Händchen in der nassen Erde und wird von keiner Mutter hochgerissen, die jammernd die beschmutzten Kleider betrachtet und eine Verkühlung befürchtet. „Bitte" und „Dankeschön" zu sagen, ist alles, was die

Erwachsenen vom Kind verlangen. Somit ist das Kind in den Jahren der ersten, bewußten Willenshandlungen ungehemmt durch Erwachsene.

Würde man solches in der Erziehung eines städtischen Kindes beobachten, so sagte man wohl, die Eltern kümmerten sich nicht um die Erziehung, oder man findet sie zu schwach. Diese Urteile passen aber nicht für den ländlichen Bereich, denn vor diesem Alter der herrlichsten Freiheit wird das Kind auf dem Lande sicher mehr umsorgt als in der Stadt.
Dennoch bleibt die Strenge aber nicht aus, sie setzt nur viel später ein, etwa mit dem fünften Lebensjahr, während in der Stadt die bewußte Beeinflussung schon beim Kleinkind anfängt, womit natürlich das Kind psychisch viel mehr in Anspruch genommen wird.

Das Landkind bekam früher niemals fertige Spielsachen geschenkt. Es sieht zu, wie durch ältere Geschwister oder den Vater aus einem Stück Holz ein Gegenstand entsteht. Alsbald bohrt und schnitzelt es selbst an einem „Holzzweck", bis ein herrlich-eigen Ding entsteht. Dabei geht es nicht ohne Verletzung und schmerzliches Geschrei ab. Auch muß das Werkzeug, durch das man zu selbsterfundenen Spielsachen kommt, erst von den Geschwistern errauft werden! Aber die Geschicklichkeit nimmt rasch zu, und schon der Zehnjährige hat eine weit größere Kenntnis von der Tücke oder Willfährigkeit des Materials als der erwachsene Städter. Dadurch ist eine für den zukünftigen Bauern notwendige Fähigkeit ausgebildet worden, nämlich die tiefe Kenntnis von der Nutzbarmachung alles Gewachsenen (die ihn zum Beispiel in einem krummen Stück Holz schnell alle Verwendungsmöglichkeiten erkennen läßt.

Dem Stadtkind wird das fertige Spielzeug in die Hand gedrückt. Man erklärt es ihm und erzählt ihm dazu Geschichten. So von dem lackfarbenstarrenden Entlein oder vom plüschhäutigen Bär. Dabei wird dem Kind etwas von den Erlebnissen dieser Tiere erzählt. Im Kinde entstehen dadurch Vorstellungen von einem Seelenleben des Holzentchens oder des Plüschbären. Dank des Mechanismus funktioniert es ohne Mühe für das Kind. Aber auch das Stadtkind möchte die Materie kennenlernen, darum fängt es an, das nicht durch seine Hand gewordene Spielzeug zu untersuchen und zu zerlegen, denn das ist das einzige, was ihm zu tun übrigbleibt, um in das Geheimnis der Bewegung einzudringen. Bei diesem Drang zum Analysieren bleibt der Städter nun immerfort.

Die Reihe der Unterschiede läßt sich beliebig fortsetzen. Wenn etwa das bäuerliche Kind durch Schlauheit oder Kraftanwendung seinem Geschwisterchen etwas vom Essensanteil wegstibitzen kann, bekommt es keine Vorträge über die Unmoral einer solchen Handlung zu hören, sondern alles lacht, und den Spott hat der Geschädigte; dies ist eine Einstellung, die sich nicht mehr verliert!

Würde nicht später die schwere und oft gefährliche Arbeit ganz von selbst diese im Willen ungebrochenen Heranwachsenden mit schwerer Hand das Müssen zwingen, so würde solche Erziehung wohl lauter kräftige Menschen ins Leben stellen, sie aber dauernd in Konflikt mit allen bestehenden Vorschriften bringen.
Aber wo kann ein Kind den Wert der geleisteten Arbeit anschaulicher sehen als in seiner Umwelt? Hier erkennt es sofort, wie sich das von ihm zum Herd hereingebrachte Holz in Wärme umsetzt oder das zur

Tennlücke in den Stall hinuntergeworfene Heu in Milch umwandelt. In der Stadt ist die Kette der notwendigen Handreichungen fast immer mehrmals unterbrochen.

Von allem Anfang an wird das Kind für die Leistung am Hof erzogen. Keinem Erwachsenen würde es einfallen, sich zu verkindlichen, um etwa in der Kindersprache mit den Kleinen zu reden. Eine eigene Kinderkleidung ist unbekannt und wäre gegen alles Empfinden, das im Kind den noch kleinen, noch nicht einsetzbaren Erwachsenen sieht. (Daher die Bezeichnung „die kloa Menschin" für das Mädchen.) In der Stadt heißt es: „Alles für das Kind!" – in einem großen, wohl unbewußten Bemühen, ihm die verlorene Freiheit vor dem Haus und das Spiel mit dem lebenden Tier zu ersetzen. Seine Putzigkeit und unbeholfene Art wird stets möglichst herausgestrichen, und so lange als möglich trägt es Kinderkleidung. Auf dem Lande aber trägt es Erwachsenenkleidung im Kleinformat als Ausdruck dafür, daß man in ihm einen Erwachsenen im Kleinformat sieht.

Eines fehlt dem ländlichen Erzieher vollkommen, nämlich der Blick für Anzeichen beginnender körperlicher oder geistiger Abnormalität. Wenn so ein Kleines dauernd hinkt, so ist das nur ein „Unfirm", eine schlechte Gewohnheit; und wenn es mit zwei Jahren noch kein Wort gesagt hat, so wird das damit abgetan, daß es im Leben noch genug sprechen werde können. Eine abnorme Kopfform etwa oder eine ständig heraushängende Zunge wird nie irgendwelche Aufmerksamkeit erregen, ebenso mongoloides Aussehen.
Das ist für den Städter eine interessante, aber schwer deutbare Beobachtung. Erst wenn das Kind zu den ersten kleinen Arbeiten nicht verwendbar ist, wird

die Sache sozusagen ruchbar. Von den eigenen Kindern weiß man auf dem Lande in der Regel nur, ob sie früh oder spät zu laufen begonnen haben. Mag ihre Anzahl noch so groß sein, das jüngste wird immer nur dem gleichaltrigen Nachbarskind verglichen und nie an der zurückgelegten Entwicklung der älteren Geschwister gemessen.

Alles in allem ist diese Art der Erziehung sicher über Jahrtausende gleichgeblieben. Das wäre nicht der Fall, wenn sie nicht die Anforderungen, die das Leben an den Bauern stellt, erfüllen würde.

Lebensgefahr in Sommer und Winter

In all den Jahren, die mich mit einem Übermaß an Arbeit konfrontierten, machte ich nur zweimal einen Ausflug.
Das erste Mal hatte ich mich aufgemacht, um in Begleitung eines Einheimischen das oberste Schlenkengebiet kennenzulernen, was ungleich aufschlußreicher war als die sonstigen Bergwanderungen. Von meinem zweiten Ausflug wäre ich jedoch fast nicht mehr zurückgekommen.
Ich hatte mich vorher beim Pächter erkundigt, wo es Brückenübergänge über den Gaißaubach gebe. Auskunft auf diese Frage zu geben, stieß auf das unüberwindliche Hindernis des Sich-nicht-ausdrücken-Könnens. Der Wortschatz ist bei allen Hochbergern gleich gering. Er genügt für das Alltäglichste und zum Viehhandel; aber Wegdauer, Abzweigungen nach rechts oder links zu beschreiben – dafür reichte es bei weitem nicht. Immer wieder hörte ich nur: „Da muaßt dani gehn" oder „Da muaßt füre gehn". Ich fragte um besondere Merkmale wie Stadeln, Gattertüren oder große alleinstehende Bäume – umsonst! Als Auskunft kamen da immer wieder die zwei Sätze vom „Füregehn" und vom „Danigehn".

Wie oft fragte ich mich beim Wandern, warum nur so viele Leute ins Ausland fahren, ohne auch nur den Gau, in dem sie leben, kennengelernt zu haben, geschweige denn das ganze Land? Oder beim Kennenlernen der heimatlichen Gefilde nicht auch deren Vergangenheit zu gedenken! So wie sich zum Beispiel hier in der Gaißau die steile Nordflanke des Schmittensteins durch ihren amboßförmigen Abschluß so auffällig macht. In einer Urkunde vom Jahre 1237

wird diese markante Erhebung mit „Wielandsschmitten“ (von „Wielands Schmiede“) bezeichnet, was eindeutig auf germanisches Sagengut zurückgeht. Wo im Lande haben wir noch einen Beweis dafür?
In der „Vita Severini“ wird von Heiden berichtet, die an einem heimlichen Ort bei Kuchl noch ihrem alten Kult folgten. Nichts wissen wir darüber, wie und welchen Göttern da geopfert wurde. Waren es keltische Gottheiten? Oder Vorstellungen von römisch-mediterranen Göttern? War nordisches Sagengut mit der Völkerwanderung oder erst mit der bajuwarischen Besiedelung ins Land gekommen? Wie viele Fragen ein einziger Bergname aufwirft und neugierig macht auf das Eigentliche der vergangenen Kulte und ihre Formen, die hier geübt wurden.

Die frühe Nennung des so abgelegenen Gaißaugebietes geht auf eine Schenkung der Holzbenützungsrechte für zwei Inhaber von Salzsiedepfannen in Hallein zurück. Da liest man von der „silva non cupata, culta et inculta“. Der Erzbischof als Landesherr vergab dabei schon teilgerodetes Gebiet, behielt aber ungerodetes Gebiet im Landesbesitz. Da gab es hier also noch Urwald und spärlichste Besiedelung und damit auch längeres Bestehen von Vorstellungen aus vorgeschichtlicher Zeit. Das Salzsieden erforderte riesige Mengen an Brennholz. Kopfschüttelnd überlegte ich, welche Anstrengungen da der lange und wilde Zulieferweg abverlangt hat! Und selbstverständlich war diese Arbeit nur im Winter mittels Schlitten möglich.

Ich stieg dann weiter auf zur Storchenalm , einem uralten Besitz des Klosters St. Peter. Von dort kehrte ich schließlich auf die Almböden unterhalb des Schmittensteins zurück. An diesem ziemlich heißen Augusttag zeigten sich am Nachmittag ungewöhnlich schwarze Gewitterwolken. Sie wirkten so bedrohlich, daß ich in der „Gugelan"-Alm – die schon im „Indiculus Arnonis" angeführt wird – die Sennerin fragte, ob ich nicht hier bei ihr übernachten könnte. Sie aber lehnte das in besonders unfreundlicher Art ab. Ich lief zur nächsten Almhütte, doch auch hier wies mich die Sennerin entschieden ab; warum, begriff ich nicht. Es wurde finster, die ersten schweren Tropfen fielen, und die ersten Donnerschläge krachten. Ich hatte die Sennerin gefragt, wo denn die nächste Alm liege, denn durch den prachtvollen, alten Baumbestand war keine Sicht gegeben. Sie hatte mir gesagt: „Aufi mußt di halten", was mir ziemlich unwahrscheinlich schien, doch was sollte ich tun? Ein schmaler Pfad führte mich in steiles Waldgebiet. Es wurde immer dunkler, und ein schwerer Regen rauschte hernieder. Mir wurde unbehaglich zumute. Da bemerkte ich gerade noch, daß ich mich in dem Steilhang oberhalb der langen Felswand an der Südwestseite des Schmittensteins befand, die ich von Terrainbetrachtungen vom Tal aus kannte. Plötzlich begann es zu hageln. Nicht etwa in Graupengröße, sondern in Haselnußformat, was sich anfühlte wie unzählige, schmerzhafte Peitschenhiebe. Den ohnehin schon sehr steil abfallenden Boden überdeckte im Nu eine spannhohe Schicht von Eiskugeln. Unmöglich, auch nur einen Schritt weiter zu gehen. Ich stand da in der Finsternis und umklammerte einen Baum. Der Rückweg war unbegehbar geworden, und unter mir wußte ich die Felswand. Doch ich erinnerte mich, unterhalb davon steiles Schuttgelände gesehen zu haben. Das Felsband mußte überwunden werden. Der schwere Regen hatte etwas nachgelassen, aber noch immer schossen fast unaufhörlich Blitze in größter Nähe nieder, begleitet von krachendem Donner. Ich war in das End-Augustgewitter gekommen, das den Herbst einleitet und im

Hochgebirge auch den ersten kurzen Schneefall bringt. Da und dort konnte ich mich an den aus dem eisbedeckten Boden herausragenden Wurzeln festhalten und erreichte nach langer, schweißtreibender Bemühung den Rand der Felswand. Sie schien mir zwei Stockwerke hoch zu sein – und ich mußte da hinunter. Ihre vorsprunglose Glätte ermöglichte jedoch keine Abwärtskletterei. Heroben konnte ich andererseits ohne jede Stand- und Liegemöglichkeit, mit vollkommen durchnäßten Kleidern, keine Nacht überstehen. Was also blieb mir übrig – ich sprang hinunter!

Glücklicherweise brach ich mir keine Knochen, sondern kollerte ein Stück im Schutt hinab. Ein Sprung aus dieser Höhe auf ebenen Boden wäre nicht zu wagen gewesen. Und auch hier war kein Lichtschein von einer Almhütte zu sehen. Ich fand aber einen Pfad, um wie schon vorher geplant zu den Schlenkenalmen aufzusteigen. Als ich dort in eine Hütte eintrat, sah ich mich meiner unmittelbaren Nachbarin, der Schattsreiterin, gegenüber, die diese Alm bewirtschaftete. Auch ein paar gute Bekannte saßen da an der Feuerstelle. Doch niemand erkannte mich. Mit den vom Hagel verursachten blutigen Schrammen im Gesicht, das auch von den nassen Haaren wirr verklebt war, und den triefend am Körper hängenden Kleidern war ich zu einer erschreckenden Erscheinung geworden. Warme Milch und bedauernde Worte richteten mich jedoch schnell wieder auf. Und wie herrlich schlief ich danach an der Seite der „Schattsreiterin“ auf ihrer Lagerstatt. Die menschliche Wärme tat mir so wohl, und das prasselnde Feuer wurde immer stiller.

All das wäre vielleicht nicht erzählenswert, wenn ich nicht zwei Tage später in der Zeitung gelesen hätte, daß bei diesem außergewöhnlich starken Unwetter ein Blitz ausgerechnet in die von mir zunächst aufgesuchte „Gugelan-Alm“ gefahren war, wobei alles Vieh im Stall verbrannte und die Sennerin sich nur mit dem, was sie am Leib hatte, retten konnte, da sie sich zu ebener Erde aufhielt. Ich, die ich mich sicher schon auf dem Heuboden oberhalb des Stalles niedergelegt hätte, wäre rettungslos mitverbrannt. Denn bei Blitzeinschlag entsteht durch Luftspaltung soviel Ozon, daß das Heu sofort in ein Flammenmeer verwandelt wird. Da hätte man meine Knochen kaum noch von jenen der Kühe sortieren können. Davor hatte mich das Schicksal durch die abweisende Sennerin bewahrt, und ich war sogar ohne Schnupfen davongekommen.

Wieder einmal war es Winter geworden, und alles lag tief verschneit. In jener unsicheren Zeit war mir Monate vorher geraten worden, eine eigene Kuh zu erwerben. Obwohl ich zu Kühen – wie übrigens auch zu Hühnern – nie eine innere Beziehung hatte, kaufte ich also ein Rind; mit fremder Hilfe übrigens, denn mit Recht gilt der Kuhkauf als sehr, sehr schwer erlernbar. Er fordert lange Erfahrung und dazu sicher auch ein angeborenes Geschick.
Ich dachte nun, die Kuh gegen Bezahlung von Futter und Wartung beim Vieh des Pächters einstellen zu können. Er behielt sie auch tatsächlich, allerdings nur für kurze Zeit und erklärte dann, ich müsse einen anderen Einstellplatz für sie suchen. Weit weg im Schlenkengebiet fand er sich schließlich.

Zwar kommt die Milchleistung solcher Einstellkühe zur Gänze dem Betreuer zugute, doch hatte ich schon früher davon reden gehört, daß bei Nachlassen der Milchleistung das Tier auf einen Extraplatz im Stall abgeschoben wird, damit es nur ja nicht das gute Heu,

das man den eigenen Kühen reicht, mitverzehre. Elendes, sperriges Futter bekamen diese Einstell-Kühe auf ihrem Sonderplatz vorgeworfen.
Es war das Ende des Winters gekommen, und der Pächter mahnte mich immer wieder, einmal bei meiner Kuh nachzusehen. Da raffte ich mich schließlich dazu auf, wenn auch recht zögerlich, denn ein wegen Lawinenabgängen gefürchteter Graben lag auf dem Weg dorthin. Ein Stück des Wegs ging ich mit ein paar Nachbarn, die in der Nähe Holzarbeit zu verrichten hatten. Als ich ihnen mein Ziel sagte, schwiegen sie eine Weile, dann sagte einer: „Frau, traust di da umi?“ Der andere aber meinte: „Die Frau kommt scho umi!“ Das hätte mich eigentlich warnen sollen. Der von großen Schneemassen teilweise verschüttete Weg im Graben war aber nach einem Lawinenabgang schon gefahrlos zu durchwaten. Da sah ich an seinem Ausgang eine kleine Wegkapelle stehen. Warum hatte man sie in dieser Einsamkeit errichtet, hier an der Grenzlinie der ganzjährigen Bewohnbarkeit?

(Mir fiel da eine andere Kapelle im Wieserhörndlgebiet ein. Das dortige, damals noch von keiner Seilbahn erschlossene Gebiet war nie von Fremden begangen worden. Da hatte ich vor vielen Jahren eine Kapelle gesehen, die eine gotische Madonnenfigur barg. Sprachlos hatte ich das Wunder betrachtet. Immer bangte ich nun um sie, daß sie jemand anderer auch zu sehen bekäme. Jahre später, als die Kirche wieder anfing, sich um die Reste ihres arg geplünderten Alt-Besitzes zu kümmern, erreichte ich den Rückkauf des durch seine Größe sich als ehemaliges Kircheninventar ausweisenden Stückes, das nun für das Priesterhaus in Salzburg gerettet wurde. Ich hatte mich erkundigt, um vielleicht den früheren Standort zu erfahren, hörte aber nur davon, die Kapelle sei als

Dank eines Bauern errichtet worden, dem nach dem Gasthausbesuch dort bei Nacht der Teufel begegnet sei, ihn furchtbar bedroht, aber schließlich doch verschont habe. Da habe er versprochen, an dieser Stelle eine Dankkapelle zu errichten.)

Trotz der aufgetürmten Schneemassen konnte ich die Tür zu dem kleinen Bau öffnen, der hier wahrscheinlich aus Dankbarkeit für überstandene Lawinengefahr errichtet worden war. Wieder stand ich vor einem Kleinod salzburgischer Schnitzkunst, das wohl um 1600 entstanden war. Die Augen der männlichen Heiligenfigur blickten über mich hinweg ins Freie. Ihre Größe und auch ihre Qualität wies sie als für einen Kirchenraum geschaffen aus und als eindeutig für einen erhöhten Standplatz gedacht. Auch die übrige Einrichtung der Kapelle war von bester Qualität und ungestört von späteren Zutaten. Noch ahnte ich nicht, was mir beim kommenden Abstieg bevorstand, und so vergaß ich wieder einmal Zeit und alles andere und war nur ganz dem Glück ergeben, noch einen der letzten unberührten Orte aus früherer Zeit gesehen zu haben. Bei den Leuten von Hochbrunn erkundigte ich mich dann über die Heiligenfigur in jener Kapelle und hörte, daß sie ein Groß- oder Urgroßvater von der Vigauner Kirche erworben hatte, wo sie ausrangiert worden war. Jahre später erkannte ich sie in einem Salzburger Antiquitätengeschäft sofort wieder. Der Preis war für mich unerschwinglich. Wie ich erfuhr, hatten sie vorüberkommende Skifahrer entdeckt und dem Bauern abgehandelt.

Als ich mich von der Kapelle losgerissen hatte und aus dem Baumbereich trat, sah ich eine fest verharschte, große und sehr steile Schneefläche vor mir. Ich suchte mir eine lange Stange und dachte, mit ihrer

Hilfe und mit einiger Vorsicht die gefährliche Furt bewältigen zu können. Leider aber entfernte ich mich gleich am Anfang zu weit vom Waldrand. Kaum war ich im spiegelglatten Steilgelände, gab es kein Zurück mehr zu den Halt bietenden Sträuchern am Rande. Was tun ohne Eispickel? Hätte ich nicht die spitze Stange gehabt, es hätte alles gleich ein Ende genommen. Es war ein langer, verzweifelter und angespannter Kampf um jeden Zentimeter. Als ich dann doch noch den Hof erreichte, wunderte man sich sehr, wie ich denn da hergekommen sei, und führte mich etwas zögernd in den Stall. Dort stand sie, die arme Kuh, natürlich auf einem Extraplatz und hatte, wie erwartet, kein Heu vor sich im Barren, sondern elendes Bürstgras, das mit Haferstroh gemischt war. Ich machte nur eine kurze Bemerkung dazu – denn was hätte es geholfen? –, beschloß aber, das arme Vieh, bevor es ganz vom Fleische fiel, so schnell wie möglich zu verkaufen und künftig meine Hände von solchen Unternehmungen zu lassen.
Auf dem Rückweg mußte ich einen weiten Umweg machen und kam sehr müde zurück, wo man mit großer Neugier bereits darauf wartete zu erfahren, wie es mir – und der Kuh – ergangen sei.

Persönliches

Bei all den Unbilden der harten Lebensweise durfte wohl auch eine Schwammerlvergiftung nicht fehlen. Man liest zwar über solche Fälle in der Zeitung, aber nicht jeder kennt aus eigenem, was damit verbunden ist. Darum sei es erzählt.
Während des Krieges herrschte so großer Mangel an Eßbarem, daß man auch wild wachsende Pflanzen zu verwerten suchte und umso erfreuter war, Pilze zu finden. Ihre Standorte waren natürlich ein großes Geheimnis. Oft fand ich welche auf meiner Ötz, aber auch ein Halleiner kannte diese Plätze. Dabei kam er mir oft zeitig am Morgen zuvor, heimste alles ein und empfand doppelte Freude darüber, wenn er sie vor mir auf dem Boden aufbreitete und mich die Hände ringen sah über die mir entgangenen Prachtexemplare.

Vor dem Abstieg nach Hause stellte ich wieder einmal fest, daß ich für die Familie nur noch eine einzige Pitsche (Kanne) voll Milch und etwas Butter mitnehmen konnte. Daher lief ich noch in den nahen Wald, um vielleicht ein paar Schwämme zu finden, aber dort sah ich nur einige graue, mir gänzlich unbekannte Pilze stehen. Sie rochen leicht nach Moder, was wohl andere davon abgehalten haben konnte, sie für genießbar zu halten. Ich beschloß aber zur Vorsicht, meinen Sohn nicht davon essen zu lassen. Wenn es gutging, brauchte dann wenigstens ich kein Abendessen mehr, und die anderen Schwämme konnten am nächsten Tag verwendet werden. Sie waren schnell gedünstet, und wir bereiteten uns zum Abstieg vor. Keine zwei Stunden später wurde mir plötzlich furchtbar übel. Mein erster Gedanke war: „Also waren sie doch giftig!“ An ein Fortgehen war nicht mehr

zu denken. Ich wußte, daß man zum Binden und Ausschwemmen des Giftes viel Milch trinken muß. Die aber blieb nicht im Magen, denn ich erbrach unaufhörlich mit einer solchen Heftigkeit, daß ich trotz meiner Benommenheit an einen barocken Brunnen denken mußte, dessen Männerkopf aus einem riesigen Maul Schwälle von Wasser ausspeit.
Dazu kamen pausenlose Durchfälle und schreckliches Kopfweh. Ich hörte meinen Sohn immer wieder flehen: „Bitte, Mama, stirb nicht!" Die letzten Bohnen echten Kaffees wurden zur Herzstärkung hergenommen, und der Pächter lief noch in der Nacht nach Adnet, um den Arzt zu holen. Stunden vergingen. Man legte mich ins Bett, meine Sinne dämmerten, und ich bemerkte noch, ohne mich darüber aufzuregen, daß ich die Augen nicht mehr bewegen konnte. Sollte ich meinem Sohn sagen, wem er meine letzten Grüße ausrichten sollte? Nein – ich verschloß es. Es war schon Morgenhelle, als ich merkte, daß sich jemand über mich beugte und sagte: „Höchste Zeit!" Der gute alte Doktor Schwaiger war bei Nacht mit dem Pächter heraufgestiegen (fahren war ja nicht möglich) und hatte mich durch eine herzstärkende Injektion gerettet. Durch das Ausstoßen aller Flüssigkeit hatte sich mein Körper zwar gegen das Gift zur Wehr gesetzt, zugleich aber hatte ich in einer Nacht nicht nur viele Kilo Gewicht verloren, sondern zeigte auch ein ganz verändertes Gesicht. Meine Lippen waren dünn und graufarben geworden und raschelten bei jeder Bewegung.
„Amanita spissa" hießen übrigens die gefährlichen Gewächse, die mich beinahe das Leben gekostet hätten.

Wieder genesen, machte ich mich so rasch wie möglich wieder an die endlose Reihe notwendiger Arbeiten. Begann es zu regnen, so war dies zum Beispiel die beste Zeit, die Kuhfladen auf der Weide zu zerteilen, denn läßt man sie liegen, entsteht unter ihnen ein runder, wachstumsloser Fleck im Boden. Darum herum wächst zwar üppigst das überdüngte Gras, das aber keine Kuh anrührt, weil es offenbar zu scharf im Geschmack ist. Auch legen in den nicht zerteilten Kuhfladen viele Insekten ihre Eier ab, die sich darin entwickeln und später zu einer großen Plage für das Vieh werden. Wird aber so ein frischer Fladen auf einer Fläche von etwa einem Quadratmeter verstrichen, so wäscht ihn der Regen in den Boden, und es entstehen keine Fehlstellen im Graswuchs. In jeder Landwirtschaftsschule wird das gelehrt. Nur meinem Pächter paßte es nicht.

Stillschweigend einverstanden war er hingegen, wenn ich auf der „Heuötz", die einmal im Jahr gemäht wird, versuchte, die unzähligen „Ameis-Nokken" abzutragen. Nicht nur, daß auf ihnen kein Gras wächst, sondern sie waren auch eine starke Behinderung beim Mähen und stellten dadurch vollkommen unproduktiven Boden dar. Verteilte man sie aber, so entstand nicht nur eine ebene Fläche, sondern ihre feingekrümelte Erde gab guten Humus ab. Es war eine Arbeit, die mir unendliches Vergnügen bereitete.

Viel Arnika wuchs da oben. Ich sammelte die Blüten, trocknete sie auf dem Hochboden und lieferte sie dann in der Apotheke des Salzburger St.-Johanns-Spitals ab – als Ersatz für meinen ewig zerstörten Digitalisversuchsanbau.

Dankbar gedenke ich des vorzüglichen Schuhmachers Michael Lösch in Oberalm, der mir 1939 hervorragend passende Bergschuhe nähte, die ewig hielten. Ohne dieses Paar hätte ich nicht 10 Jahre lang auf und ab laufen und oben wirklich arbeiten können.

Zwar war das beherrschte Schweigenmüssen bezüglich der schwer zu ertragenden Pachtverhältnisse eine arge Auflage, aber es gab auch Stunden freudvollster Bejahung einer nützlichen Tätigkeit. Außer der Bodenmeliorierung war dies das „Grass"-Hacken. Eine sehr notwendige Arbeit, denn wo in zu hochgelegenen Gütern kein Getreide mehr wächst, gibt es auch kein Stroh, das als Streu im Stall dringend benötigt wird. Also muß es durch das Fallaub der Bergahorne, Farnkraut und in erster Linie durch das „Astelwerk" der Nadelbäume ersetzt werden. Die langen Äste der Fichten werden zum Haus gefahren und hier auf einem Hackstock mit der „Praxen" – einem vorne gekrümmten Hackmesser – von den feinen Ästen befreit. (Der Name des „Pragshorn" im Steinernen Meer mit seiner gekrümmten Form geht übrigens eindeutig auf dieses Werkzeug zurück. Einem vielleicht aus Böhmen stammenden Militär-Kartographen dürfte wohl in Unkenntnis dieses Zusammenhanges das ihm näher liegende „Prag" eingefallen sein anstelle der Formähnlichkeit zu jener „Grasshacke" – daher die veränderte Schreibweise.)
Als Streu für den Stall verwendet, dient „Grass" dem Vieh als eine Art Matratze. Wenn die schneebedeckten Felder noch keine Arbeit zulassen, war das „Grass"-Hacken zu erledigen. Besonders bei Sonnenschein im März – damit einem die Hände nicht gleich abfroren – war das eine erfreuliche Tätigkeit. Wenn ich da ein neues Astl aufhob, genügte mir ein Blick auf die von hier aus gut sichtbare „Übergossene Alm" oder das unter tiefblauem Himmel im Glasharsch gleißende Plateau des Tennengebirges, um restlose Zufriedenheit zu geben.

Als ich wieder einmal bei frostklirrendem Boden von Waidach aufstieg, bot sich mir ein ungewöhnlicher

Anblick. Ein baumfreies Wiesenstück lag da in ganz ungewöhnlicher, rötlicher Beleuchtung vor mir. Ich blieb stehen und schaute gegen Süden, wo sich der nahe, steile Abfall des Rengerberges hinzog. Am Himmel stand ein Vollmond, der von drei rostroten Ringen umgeben war. Dieser Hals des Mondes ist wohl kein seltenes Phänomen, doch hatte ich es noch nie gesehen. Erstaunt überlegte ich die Ursache dieser drei „Heiligenscheine". Nicht die Ungewöhnlichkeit des Anblickes, sondern die Eigenartigkeit des roten Scheines bei froststarrender Luft zog mich mehr und mehr in ihren Bann. Dabei verlor sich das bewußte Betrachten dieser Naturerscheinung. Dieses diffuse Licht hob wohl die Grenze zwischen dem Boden, auf dem ich stand, und dem Kosmos auf, obwohl alles nur ein Spiel der Lichtbrechung war. Da bei diesem alles ins Unwirkliche verwandelnden Lichtschein auch noch lautlose Stille herrschte, glitt ich unversehens in eine Art Trance; und damit in das Gegenteil zur Wachheit. Ein unbeschreibliches Gefühl von Schwerelosigkeit stellte sich da ein. Kein Gedanke mehr an den schweren Rucksack oder eine Rast in warmer Stube. Ich weiß nicht, wie lange ich wie eine Pflanze, in nur vegetativer Lebensform, dastand.
Hätte ich die Begabung, dieses diffuse, unwirkliche Licht zu beschreiben, so könnte ich dessen persönlichkeitsauflösende Wirkung vielleicht begreiflich machen, eine Wirkung, die ich nachher nie wieder erlebte.

Zurück zur Arbeit auf dem Berg. Vor allem beim Heuwenden hörte man aus den Gesprächen, was die Menschen hier heroben innerlich bewegte. Da löste jeder Vorübergehende langes Nachgerede aus. Wurde man gar einer Frauensperson ansichtig, die im Sonntagsstaat vorüberging, so galten alle Überlegungen dem

Wohin? Dabei errieten sie meist das Richtige – nämlich einen Hof, auf dem ein Bauer hauste, dessen Frau gestorben war. Denn sehr genau war beobachtet worden, daß sie, die sonst nur eine achtlose Frisur trug, jetzt einen wohlgeformten, breit auseinandergezupften Zopf ums Haupt gelegt hatte. So etwas wurde als sicheres Zeichen gewertet, daß sie es auf einen Mann abgesehen hatte. Von anderen verschönernden Mitteln hörte ich nie reden, sie waren unbekannt.

Beliebt waren auch Gespräche darüber, wenn eine Magd von ihrem Liebsten, einem Knecht, verlassen wurde, der ihr eine ältere, verwitwete Bäuerin vorgezogen hatte, um Besitzer eines Hofes zu werden. Da erregte es immer größtes Interesse, „wia s' gwoant hat"!

Beim Auflegen auf das Heufuder entstanden manchmal kleine Pausen. Die nützte ich stets, um mich umzudrehen und die herrliche Kette der Berge an der gegenüberliegenden Talseite anzusehen – die die anderen allerdings nie und nimmer eines Blickes oder einer Bemerkung würdigten. Mir diente dieser Anblick aber als Möglichkeit, mich innerlich zu absentieren, was sich auch immer mit sofortiger Wirkung einstellte, wenn ich kurz Zeit hatte, auf das Schloß Kahlsperg bei Puch hinunterzuschauen, denn es vermittelte mir Erinnerungen an eine ganz andere Welt. Der Besitzer stand seinerzeit im Gespräch, einer der letzten Außenminister Österreich-Ungarns zu werden. All sein Interesse galt daher stets der Politik, was sich auch im Bestand seiner reichen Bibliothek ausdrückte. In seiner weltmännischen Art, seiner eleganten Erscheinung ohne jegliche modische Zugeständnisse, bot er nebst Frau und Schwester das perfekte Bild einer entschwundenen Epoche. Nicht Stall- und

Feldarbeit bestimmten da den Tagesablauf, sondern das Überdenken der geschichtlichen Vergangenheit, wobei die Gepflogenheit des Vorlesens den Partner an den Studien teilhaben ließ.
Die unverändert gebliebene prächtige Einrichtung des Schlosses war nach den Verlusten des Zweiten Weltkrieges schon damals eine Seltenheit. Lächelnd erinnere ich mich des ächzenden Ausrufes der Besitzerin, als ich ihr wieder einmal begegnete: „Jetzt haben wir noch einen ganzen Kasten voll Silber entdeckt!“
Mit einem Faß ohne Boden, das der Hof auf dem Berg für mich bedeutete, konnte ich damals nur einen der Kästen (ohne Silber darin!) für meine Tochter erwerben. Ein finanzkräftiger Mondseer Kunsthändler erwarb fast alles, was Schloß Kahlsperg damals noch an Antiquitäten und Werten barg. Wie alle anderen in den Handel gekommenen Gegenstände kreisen sie nun herum – ohne Geschichte vom ehemaligen Besitzer. Es gibt kein Foto dieser Innenräume, ihre stilistische Aussagekraft ist daher für immer verloren – ein Verlust, der mich heute noch traurig stimmt.

Leben in der Kriegswelt (I)

Die folgenden Episoden aus der Zeit des ungeheuren Geschehens von 1939 bis 1945 sind wohl nur kleine Beiträge, gleichsam aus der Ameisenperspektive. Und doch sind sie Mosaiksteinchen, die ein Gesamtbild ergeben können. Allein der Blickwinkel, von dem aus alles gesehen wurde, konnte da ein sehr verschiedener sein. Beobachtung ist immer subjektiv gefiltert, aber Tatsachen bleiben bestehen.

Gleich nach dem Anschluß Österreichs im März 1938 tauchte das Wort „Umbruch“ auf. Es wurde schnell zu einem Gebrauchswort, denn zu gleicher Zeit wurde alles bis zum tiefsten Grund umgepflügt und die alte Scholle umgekehrt. Meine Eltern hatten national grundverschiedene und dabei wenig tolerante Ansichten: Der Vater war italienisch eingestellt, meine Mutter radikal großdeutsch. Jeder beanspruchte für sein Volk den geistigen Führungsanspruch, so daß ich, noch kaum zehn Jahre alt, schon an all diesen Ansprüchen zu zweifeln begann. Als später der Nationalsozialismus sein unbedingtes Recht herausstrich, die Zügel in Europa zu ergreifen, so war mir das allein schon durch sein betontes Deutschtum von allem Anfang an unannehmbar, ganz abgesehen von den dabei angewandten Methoden. Viele scheinbare Nichtigkeiten werde ich in den folgenden Erinnerungen an die Kriegszeit anführen. Vielleicht ergibt sich gerade durch sie eine klarere Übersicht, wie sich Krieg im Privatleben auswirken kann.

Nachdem ich im März 1939 das Anwesen auf dem Berg erworben hatte, kam ich bei den folgenden Aufstiegen immer wieder an den Steinbrüchen in Adnet vorbei, in denen hauptsächlich italienische Gastarbeiter arbeiteten. Sprachlich bedingt, hatten sie keinen Kontakt mit der Bevölkerung, die der Stein- die Holzarbeit vorzieht. Bei dem einen oder anderen Italiener erkundigte ich mich manchmal nach ihrem Wohlbefinden in unserem viel kälteren Lande. Sie erzählten von den großen Aufträgen für „das Reich", aber auch von den Arbeiten am Obersalzberg bei Berchtesgaden, wo für den Führer im Felsen Aufzüge (auf den Kehlstein) oder Marmorverkleidungen für große unterirdische Räume bestellt waren – recht merkwürdige Aufträge, da man sonst nur von kommenden langen Friedenszeiten hörte. Sie waren die Anfänge jener später als „Alpenfestung" bekannt gewordenen Planung. Darin und in unzähligen anderen Hinweisen zeigte sich für den, der nicht von Parolen betäubt war, sehr deutlich, was vorbereitet wurde.

Schon kurz nach Beginn des Krieges am 1. September 1939 wurden zum Zwecke des Treibstoffsparens fast alle Autobus-Nebenlinien eingestellt. So auch jene von Hallein nach Adnet. Daher mußte ich nun alles schon vom Bahnhof Hallein aus auf 1130 m Seehöhe hinauftragen.

Als man in Polen einmarschierte, folgten schon bald Einberufungen von älteren Bauern. Warum man diesen alten „Krauterern" Einberufungszettel schickte, während man die jungen Elitetruppen zurückbehielt, ist mir heute noch unklar. Da gab es nun die erste Tragödie auf dem Berg heroben. Ein Bauer (es war der Vorder-Gemesreiter), der die Eindrücke des Ersten Weltkrieges, in dem er verschüttet worden war, noch nicht vergessen hatte, mußte auch zur Stellung gehen. Zu Hause hatte er für die viele und schwere Arbeit nur eine schwächliche Frau und zwei Buben, die nun den Hof alleine führen sollten. Beides zusammen bewirkte, daß er schon bei der Musterung, im „Hotel Stern“ in Hallein, einen Tobsuchtsanfall bekam und in die Nervenklinik gebracht werden mußte; dort konnte er angeblich auch von drei Wärtern nicht gebändigt werden und verbog zwei eiserne Bettgestelle wie Draht. Seine Frau, die den Hof nicht für einen ganzen Tag verlassen konnte, bat mich, ihm Eßwaren zu bringen. Da saß er nun in der Nervenheilanstalt als ein Häuflein Elend und starrte vor sich hin. Schließlich wurde er aber entlassen und konnte heimkehren.

Nani, die Frau des Pächters, hatte gehört, daß beim Einmarsch in Polen dreißig Mann der deutschen Armee gefallen seien. Sie war entsetzt: Dreißig Mann, das war ja furchtbar! Diese Anzahl konnte sie sich eben noch vorstellen. Als aber später von mehreren Hunderten und immer noch mehr Gefallenen gesprochen wurde, erweckte das in ihr keine Vorstellung und erschreckte sie dadurch nicht mehr.

Schlagartig und offenbar sehr gut vorbereitet war es zur Ausgabe von Lebensmittelkarten gekommen. Und auch den Bauern wurde nun klargemacht, wieviel sie von ihrem Betrieb abzuliefern hatten. Großes Gebrumm war die Folge, aber alles dachte, der Krieg sei ohnedies bald zu Ende (genau wie im Jahr 1914!), denn einen langen Krieg würde sich ja niemand leisten wollen. Nun kamen auch die Vorschriften über die der Waldbesitzgröße entsprechenden Holzablieferungen: Ein großes Reich war nun mitzuversorgen!

Die nur kurz eingezogenen alten Jahrgänge wurden bald aus dem Militärdienst entlassen und kehrten wieder heim. Manche waren sehr beeindruckt davon, was sie da an Judenpeinigung in Polen gesehen hatten. Nun wurden schon längst gemachte Beobachtungen immer deutlicher, daß da Leute angezeigt worden seien, die nach einiger Zeit sehr schweigsam zurückkehrten oder von denen man überhaupt nichts mehr hörte.

Auch die Bauern auf dem Berg blieben von einer geheimen Truppe in Zivil, der Geheimen Staatspolizei, nicht lange verschont. Die greifbare Existenz der Gestapo zeigte sich für mich eines Abends im Jahre 1941, als wir überraschend Schritte vor der Haustür hörten, denen heftiges Klopfen folgte. Wir sahen uns an und machten dann etwas zögernd auf. Herein kamen vier uns unbekannte, finster blickende Männer.
Wir hatten ein sehr ungutes Gefühl und versuchten, den Grund ihres Kommens zu erraten. Sie verlangten Bier, später Schnaps, und tranken. Dann erkundigten sie sich über Männer, die heroben auf dem Berg eine Hütte gemietet hatten. Je mehr sie tranken, desto drohender wurden ihre Reden darüber, was alles in ihrer Macht stehe. Schnell merkte man, wer ihr Anführer war: ein Reichsdeutscher, der die Ausdrucksweise der Pächtersleute kaum verstand, daher ihre Lautbildung ständig durch Fragen ergründen wollte und andauernd verlangte, man solle ihm das schriftlich zeigen. Ich erinnere mich, daß mir sehr schnell der Gedanke kam, da stehe eine politische Suchaktion bevor. Ich versuchte, möglichst lang das Interesse an unserer für diese Männer so ungewohnten Vokalgestaltung wach zu erhalten. So kam es zu vielen Versuchen, dem Anführer das „a“ in der Lautfärbung zum Beispiel unseres Wortes „Stadl“ beizubringen. Was aber auch mit Hilfe seiner Kumpane und starkem Vogelbeerschnaps nicht gelang.
Schließlich verlangten sie im Kommandoton eine Übernachtung im Haus. Da es da nur das Zimmer der Pächtersleute, ein Bett im Vorzimmer und meinen

Raum mit vier Betten gab, mußte ich ihnen drei Betten zur Verfügung stellen. Mir schwante schon Übles, aber schließlich lag das Zimmer der Pächter gleich gegenüber, und Furcht ist mir stets ein ziemlich unbekanntes Gefühl gewesen. Inzwischen war mir aus ihren Reden klargeworden, einem Gestapo-Trupp samt Chef auf Kommunisten-Jagd gegenüberzustehen. Auch merkte ich etwas Besorgnis der anderen über den Alkoholkonsum ihres Anführers. Der Vollgetrunkene legte sich zwar in einem der oberen Betten nieder, mußte aber ganz vergessen haben, daß er mit mir nicht allein im Zimmer war – und äußerte sich dementsprechend. Ich merkte aber, daß die anderen hellwach waren und warteten, was nun kommen würde. Das ließ nicht lange auf sich warten: Der Capo der Truppe wollte sein Bett verlassen, verfehlte aber in seinem Zustand die Bettleiter und stürzte ab, wobei er mit dem Kopf schwer aufschlug. Sofort sprangen die anderen aus ihren Betten, behandelten seine blutende Kopfwunde und hoben ihn ins untere Bett, wo er noch manchmal stöhnte, aber allmählich einschlief.

Am anderen Morgen trafen alle wieder zu einem sehr frostigen Frühstück zusammen, dem dann vor dem Haus Revolver-Schießübungen folgten – keine sehr gemütliche Vormittagsgestaltung. Einer von den Männern näherte sich mir sodann und versuchte, sehr leise sprechend, meine Reaktion auf das nächtliche Intermezzo zu erkunden. Ich sagte nur: „Ich habe fest geschlafen." Er hatte mich zwar nach dem Sturz die Kerze anzünden gesehen, aber da sie sich am Vorabend gebrüstet hatten, daß ihnen kein Schloß widerstehen könne, wollte ich dem Chef etwas von seinem Selbstbewußtsein nehmen. Ich zeigte ihnen den uralten, einen halben Meter langen und mit einem Gelenk versehenen Almschlüssel, der ein altes, hölzernes Zu-

gebäude sperrte, indem er innen einen schweren, dikken Holzbalken vorschob, der es verriegelte. Erstaunt betrachteten sie den Schlüssel und versuchten nacheinander, die hölzerne Tür zu öffnen, was ihnen aber nicht gelang und ihr großes Selbstbewußtsein sichtlich dämpfte.
Wie ich später erfuhr, waren sie in ihrer Kommunisten-Jagd schließlich erfolgreich. Die Gesuchten hatten sie in einer Hütte im Wald bei Krispl angetroffen. Sie sollen nach Berlin gebracht und dort zum Tode verurteilt worden sein. Man erzählte sich, daß beim Verlesen des Todesurteils der Jüngste von den Betroffenen in Ohnmacht gefallen sei. Angeblich soll es jener gewesen sein, der mir, als er einmal Bier holte, so begeistert von einer Radtour nach Italien erzählt hatte.
Ob für oder ob gegen die herrschende Weltanschauung – auf jeder Seite floß damals Blut in Strömen.

Zurück zu den allseits sichtbaren Vorbereitungen des kommenden, großen Kriegsgeschehens. Die Jugend mußte immer wieder ausmarschieren, und die Mädchen bekamen eine Fülle von neuen, vaterländischen Aufgaben zu erledigen. Da oben auf dem Berg waren fast alle Bauern gegen all diese politischen Neuerungen eingestellt. Einer der ihren war aber Ortsbauernführer geworden, und Ortsgruppenleiter wurde ein Metzgermeister, der es dann auch zum Bürgermeiser brachte.
Es regnete Vorschreibungen, und das Leben wurde immer eingeengter. Dazu kam die Plage der hamsternden Städter: Alle wollten Lebensmittel, um die zugewiesenen Rationen aufzubessern. Sie boten oft weit mehr als die vorgeschriebene Preishöhe, aber man war nie sicher, ob sie den Geber nicht hinterher anzeigen würden.

Dadurch wurde der Tauschhandel immer lebhafter, denn fast alles war nur noch auf Bezugsscheine oder gar nicht mehr zu bekommen. So platzte uns einmal eine Kliebscheide - eine sogenannte „Schoad" - und wurde unbrauchbar. Wie sollte man nun Bäume fällen für die vorgeschriebenen Holzablieferungen? Unendlich zeitraubend war der nun folgende Ämterweg, um einen Bezugsschein zu erlangen, denn zwei Ämter mußten diese Notwendigkeit bestätigen.

Es kam die Zeit der Spinnstoffsammlungen, denn Einfuhr von Baumwolle und anderen Materialien gab es keine mehr, und besonders die Uniformen der Soldaten verschlissen rasch.
Ein anderes unerfreuliches Kapitel war die Herrschaft der von der Partei ernannten Blockwartinnen, meist ganz einfache Frauen, die nun ihre Machtstellung in echt weiblich-kleinlicher Art ausübten.
Die radikale Dachboden-Entrümpelung, die von Berlin angeordnet wurde, habe ich schon eingangs erwähnt. Ein Schornsteinfeger aus der Altstadt wurde mit der Leitung und Überwachung der Aktion betraut, denn da er als Rauchfangkehrer freien Zutritt zu allen Dachböden hatte, konnte er sich gleich auch von deren vollständiger Räumung überzeugen. An einem einzigen Sonntagvormittag mußte der Dachbodeninhalt in der gesamten Salzburger Altstadt geräumt werden, am nächsten Sonntag in der ganzen Neustadt. Unter einer kaum vorstellbaren Menge von Gerümpel landeten da wertvollste Zeugen vergangener Jahrhunderte auf der Straße, unersetzbare Substanz ging für immer verloren. Vor der Zwangsräumung hatte man angekündigt, das noch Brauchbare an Spitäler und Bedürftige weiterzugeben. Entsetzt erzählten viele, was da allein im Hof von St. Peter bereitstand. Jahrhundertelang hatte man auch dort un-

modern Gewordenes einfach auf die Dachböden getragen. Der Inhalt ganzer Bibliotheken löste sich dort auf! Alles mußte nun aufgeladen werden – und wurde in Schottergruben am Rande der Elisabethvorstadt und der Bergheimer Au geschüttet!
Wochen danach erfuhr ich, daß im Dachboden des Klosters Nonnberg eine Blockwartin befohlen hatte, auch die eingebauten Kästen aus dem 17. Jahrhundert herauszubrechen; deren Trümmer sah ich dann noch in dem großen Raum der Holzlage des Klosters stehen. Auch 24 alte Barock- und Biedermeier-Uhren lagerten dort als befohlenes „Ausräumgut" – und doch hatte man Angst, zur Rettung auch nur einer einzigen Uhr anzufragen. Die Folgen für den Interessenten wären nicht abzusehen gewesen. Auch dies wirft ein bezeichnendes Schlaglicht auf den fortwährend steigenden Druck, schweigen zu müssen.

Da man oben auf der Alm nur Milch, Topfen und Butter und gegen Mitarbeit beim Mähen ein paar Eier bekam, mußten ich oder eines der Kinder öfters ins Tal, um Brot und die aufgerufenen Lebensmittel zu holen, dazu noch von zu Hause Wäsche heraufbringen. (Mein Mann war nämlich nach einem Spitalsaufenthalt auf den Spumberg gekommen, konnte dort aber keine schweren Arbeiten verrichten.) Bei einem dieser Stadtbesuche erfuhr ich, daß das Kloster Loreto von den Nonnen geräumt werden müsse, um der Vergrößerung der Post am Markartplatz ihr Gebäude zur Verfügung zu stellen. Mir schwante neuerlicher, unersetzbarer Verlust an altem Kulturgut so wie bei der vorherigen, radikalen Dachbodenentrümpelung.
Ich eilte zum Kloster und fand die Frauen in begreiflicher Verzweiflung, beriet sie, was sie unbedingt retten sollten, zum Beispiel ihre Kästen. Sie erhielten noch Aufschub, mußten aber dann binnen weniger

Tage alles verlassen. Nur die Kirche sowie die untere und obere Sakristei mußten nicht zur Verfügung gestellt werden. Letztere ging dann bei einem Bombenabwurf doch noch zugrunde. Obwohl nicht unmittelbar im Zusammenhang mit dem Almbesitz stehend, möchte ich diese Klosterauflösung hier doch anführen, brachte sie mich doch in die größte Zwickmühle meines Lebens. Sie schildert eine Situation, die in Friedenszeiten undenkbar ist. Hatte ich schon nach der Dachbodenentrümpelung in Loreto zu meinem Entsetzen dort noch Reste der schönsten, nun zerschmetterten Barockrahmen, alte Bücher und vieles andere Wertvolle auf dem Boden der Einfahrt liegen gesehen, so standen nun überhaupt alle Türen offen. Jeder Eintretende konnte sich da holen, was er wollte – und nicht wenige alte Weiblein griffen bei großen oder kleinen Küchenhaferln und Küchensesseln rege zu. 43 solcher Sessel altsalzburgischer Form zählte ich da allein im Keller. Im Gartenhäuschen, das an der Ostseite liegt, bot sich der Anblick unberührtesten 18. Jahrhunderts! Wo gab es sonst noch so ein Wunder zu sehen? Denn auch die Aufstellung und Hängung der Bilder (in diesem Fall viele alte Glas- und Applikationsbilder) war damals eine andere als die in der Jetztzeit übliche. Beim Garteneingang lag eine kniehohe Kiste voller abgerissener, aber auch vollständiger alter Rosenkränze, handbreit von Regenwasser bedeckt, auf dem ein paar alte Blätter schwammen. Ich griff hinein und zog neben hölzernen auch solche aus Bernsteinkugeln oder Achat heraus. In der Küche lag ein hoher Haufen reizenden alten Keramikgeschirrs, wie es im bäuerlichen Haushalt des vorigen Jahrhunderts in Verwendung stand. In dem großen Raum waren alle Wände von riesigen Schüsselkörben und Haferlstellagen verdeckt. Dabei zeigte jede Wand eine andere, einheitliche Farbe des

Geschirrs – die eine nur blaue Kröninger Teller und gewundene Krüge, eine andere wieder nur solche mit gelber und grüner Glasur.
Nirgends war Porzellan zu sehen, das der strenge Orden offenbar als zu luxuriös nicht billigte. Die Küche bot einen Anblick, der in der Jetztzeit Sammler und Museumsleute wohl in Ohnmacht fallen ließe. Alles andere rundete hier die Kücheneinrichtung ab, wie die gezahnten, hölzernen Träger der riesigen, eisernen Pfannen, die raumsparend übereinander darinnen steckten.

Das Kloster, das im Jahre 1818 beim großen Brand in der Neustadt schweren Schaden abbekommen hatte, mußte damals großteils neu ausgestattet worden sein, aber was man da sah, war später nicht mehr durch Neues ergänzt worden, so daß man den Eindruck hatte, plötzlich auf einem kulturgeschichtlich vergessenen Eiland zu stehen. Ich entnahm der Küche nicht einen Gegenstand, denn vorerst mußte ich noch telefonisch versuchen, ein paar Stellen darauf aufmerksam zu machen, um wenigstens ein fotografisches Festhalten zu erreichen. Vom Denkmalamt bekam ich dafür die Zusicherung – andere Stellen hatten zu große Bedenken, einzugreifen, wo doch höchste Behörden den Räumungsbefehl ausgegeben hatten! Und ich selbst konnte nichts retten, weil ich schnellstens wieder auf den Berg mußte, da mir der Gedanke an meine Tochter, die ich allein bei meinem psychisch gefährdeten Mann wußte, keine ruhige Minute ließ. Die absolute Pflicht rief mich hinauf – der Jammer, was da sinnlos zugrunde ging, aber blieb unvergeßlich.

Als ich nach drei Wochen wieder herunterkam, sah ich nur mehr Scherben und Verrostetes liegen. Von meinen Bekannten, die ich darum gebeten hatte, war niemand hingegangen – teils aus Scheu, ins Gerede zu kommen, teils wegen des Zeitverlusts auf der Jagd nach Lebensmitteln.

Infolge des Mangels an Lebensmitteln konnte man aber auch Heiteres erleben. Als ich einmal vom Bahnhof in Hallein in die Straße nach Adnet einbog, hörte ich vor der Haustür eines der dortigen Einfamilienhäuser aufgeregtes Geschrei. Ich blieb stehen. Eine aufgetakelte Blondine, im Stil der vielen, die sich auf Bahnhöfen auf die Fronturlauber stürzten, stand da mit der Frau des Hauses, die von ihr herausgeläutet worden war, in nicht gerade sanftmütigem Dialog. Dem entnahm ich folgendes: Die stark berlinerisch Sprechende mußte geradewegs vom Zug aus mit ihrer Mutter, die auf der Straße wartete, hier angeläutet und in schnoddrigem Ton gefragt haben, ob sie hier nicht Butter ohne entsprechende Bezugsmarken kaufen könne. Die Gefragte antwortete in schrillen Tönen – vermutlich war dies nicht die erste diesbezügliche Anfrage, denn im Kopf vieler Norddeutscher hatte sich die Vorstellung festgesetzt, daß in jedem unserer „Alpenhäuschen“, mit schöner Aussicht auf das Gebirge, auch eine Kuh stehe, die täglich Butter in Mengen produziere.

Mein Mann erholte sich da oben und konnte wieder ins Büro gehen. Aber dann hatte ich eine böse Sache zu überstehen. Als ich wieder einmal hinaufkam, sagte mir Nani: „Frau, bist anzeigt worden.“ Und zwar in Adnet bei der Gendarmerie! Ich konnte mir nicht vorstellen, weswegen, hatte aber schon einiges gehört von den Folgen solcher Anzeigen – und sofort befiel mich ein flaues Gefühl im Magen. Ich eilte am nächsten Tag sofort hinunter in meine Stadtwohnung, von wo ich schon tags darauf von einem Gestapo-Mann abgeholt wurde und im Franziskaner-Kloster, das für diese neue Behörde hatte geräumt werden müssen, lange verhört und anschließend in die Polizeikaserne eingeliefert wurde.

Da ich in dem Bändchen „Episoden aus Salzburgs Vergangenheit" meine Haftzeit schon hinreichend geschildert habe, will ich sie nicht noch einmal beschreiben, sondern nur den eigentlichen Grund, der all das auslöste, erwähnen. Ich erkannte ihn erst bei meiner Vernehmung durch einen Untersuchungsrichter, nachdem ich von der Gestapo-Haft im Polizeigefängnis in das Landesgericht überstellt worden war.

Anzeiger und treibende Kraft war der Ortsbauernführer gewesen. Im Hinblick auf das kommende 1000jährige Reich hatte er gleich nach dem Anschluß sein Anwesen verpachtet, denn in der Parteiarbeit gab es nun interessantere Aufgaben! Als dann aber der Krieg und mit ihm die Lebensmittelknappheit begann, reute es ihn, und er wollte seinen Hof wieder selbst führen. Das ging aber nur, wenn er für seinen Pächter einen Hof fand, auf den er ihn abschieben konnte. Er hatte natürlich gehört, daß, wenn ich auf der Alm war, die Nachbarn gerne kamen, um von mir Neuigkeiten zu hören – sie hatten ja weder Zeitung noch Radio. So gedachte er, da auch einmal zu erscheinen, und tatsächlich war er in der Woche vor meiner Verhaftung – gemeinsam mit einem Gesinnungsjünger – eines Abends mit finsterem Gesicht in unserer Runde aufgetaucht und dabei von den Bauern nicht eben freudigst begrüßt worden, weil es mit ihm stets Streit über die behördliche befohlenen Ablieferungsmengen gab. Er entfernte sich daher bald wieder, und wir dachten uns nichts und setzten unsere Unterhaltung fort. Nun stellte sich heraus, daß er und sein Zeuge sich nicht wirklich entfernt hatten, sondern entweder noch hinter der Türe oder am Fenster gehorcht hatten – um am nächsten Tag dem Ortsgruppenleiter Fetzen aus diesem belauschten Gespräch zu überbringen, der all das gleich bei der Gendarmerie anzeigte.

Man hielt mir acht Bemerkungen vor, die ich an jenem Abend gemacht haben sollte. Hauptanschuldigungspunkt war meine Äußerung: „Der Führer mit seinem Batzerl Hirn." Dieser Satz kam mir bekannt vor, und mir fiel ein, daß ich ihn wirklich gesagt hatte, aber daß er vollkommen aus dem Zusammenhang gerissen worden war. Die andere Hälfte des Satzes hatte gelautet: „. . . und doch gehen von diesem kleinen Batzerl alle Befehle aus, die ganz Europa bewegen." Und weiters hatte ich den Bauern vorgehalten, daß dieses Hirn nur ein kleiner Bestandteil des Kopfes und dieser wieder nur ein Teil des Körpers sei, der in weiter Ferne und von uns hier heroben gar nicht sichtbar sei, winzig klein also im Vergleich etwa zur Größe des Hohen Göll. Diese Rede erklärte sich aus meinem häufigen Kampf mit diesen Leuten, die nur die Muskelkraft anerkannten. Ich wollte ihnen bildlich vorstellen, was geistige Tätigkeit für ungleich größere Wirkung habe. Dem mich verhörenden Beamten leuchtete meine Erklärung wohl ein, doch wußte er nur zu entgegnen: „Was philosophieren Sie auch mit Bauern!" – und ließ mich schließlich einliefern.

Während ich „saß", wurden natürlich auch die Bauern darüber einvernommen. Man kannte ja die politisch Unsicheren und hoffte, endlich einen Grund zum Einschreiten gegen mich zu finden. Ich wäre dabei, als des Besitzes unwürdig, seiner verlustig gegangen, dadurch hätte man die Verpachtung lösen können, und Platz für den Pächter des Ortsbauernführers wäre frei geworden! Der Richter hatte bei der Einvernahme der Bauern von diesem Umstand aber erfah-

ren – den alle anderen übrigens schon kannten, ich aber erst jetzt voll erfaßte –, und er befragte mich, ob ich etwas darüber wisse.
Zwei Tage danach wurde ich entlassen und stand wie betäubt am Ausgang des Gefangenen-Traktes in der Salzburger Schanzlgasse. Wenn man so gar nicht weiß, wie lange einem Haft bevorsteht, und man so schreckliche Eindrücke in der Haftzeit sammelt, ist die plötzliche Freiheit umwerfend! Als ich nach drei Wochen Abwesenheit wieder zu Hause auftauchte, wurde ich wie eine Totgeglaubte empfangen. Bald stellte ich aber fest, daß es sich die Köchin während meiner Abwesenheit recht leicht gemacht hatte, um sich nicht um Lebensmittel anstellen zu müssen: Sie hatte einfach meine bisher homöopathisch herangezogenen Vorräte verbraucht! So hatte sie fast alle Tage Linsen auf den Tisch gestellt, und es war keine einzige mehr vorhanden. Als ich sie darüber zur Rede stellte, sagte sie nur lächelnd: „Andere haben auch keine mehr!" Ich konnte mir vorstellen, mit welchem Genuß sie in Bälde erklärt hätte, es gäbe nichts mehr zu essen, denn es sei nichts mehr da. So, wie sich diese Lebensfeindin auch sehr darüber freute, als einmal die Kaufleute aufgefordert wurden, die leeren Schaupackungen, für die es keine Lieferungen mehr gab, aus den Auslagen zu entfernen. Sie sagte: „Da wird die Welt schön und neu werden, wenn es keinen Überfluß und keinen Luxus mehr gibt!" (Ihr größtes Vergnügen war es übrigens, in ihrer Freizeit die Auen zu durchstreifen, um hinter Gebüschen Liebespaare aufzuscheuchen und dadurch vor einer Todsünde zu bewahren.)

Unmittelbar nach meiner Enthaftung wurde mein Mann im Amt von einer Parteigröße vorgeladen und ihm gesagt, er solle der Partei beitreten, um meine und seine bekannt parteifeindliche Einstellung wiedergutzumachen. Er aber weigerte sich mit der Begründung, daß er im „Theresianum“ in Wien erzogen worden sei, und dort sei als Grundprinzip gelehrt worden, der Beamte habe keiner Partei anzugehören, damit das Volk zu seinen Weisungen Vertrauen haben könne. Nach seiner Weigerung legte man ihm schon tags darauf einen Versetzungs-Bescheid und auch gleich die Fahrkarte nach Köslin in Pommern auf den Schreibtisch. Abreisetermin: nächster Tag! Er hatte nicht einmal mehr Gelegenheit, seine juristischen Bücher mitzunehmen, die ich abholen und ihm nachschicken mußte. Da er in Köslin niemanden kannte, war er darauf angewiesen, nur von der Lebensmittelration zu leben, und magerte erschreckend ab. Fürs erste fand sich dort keine Wohnung, so daß wir nicht nachziehen mußten. Als ich ihn einmal besuchte und erstaunt bemerkte, daß die dortige Landbevölkerung aus slawischstämmigen Kaschuben bestand, die untereinander Polnisch sprach, war für mich klar, daß man dieses Land von Deutschland abtrennen würde. Ich glaubte nie an den Sieg.

Eines Tages läutete es, und vor der Tür stand ein Gendarmerie-Major, der salutierte und noch vor dem Eintreten sagte: „Ich komme aus Köslin, bin mit Familie hierher versetzt worden, und wir werden Wohnung tauschen!“ Der Schreck fuhr mir so sehr in die Knochen, daß ich ihn stehen ließ und panikartig in das Speisezimmer zurücklief, um den Tisch herum, und dann erst langsam zurückkam. Ich zeigte ihm die Wohnung und hastete dann sofort zu zwei Advokaten, die mir aber beide sagten, bei befohlenem Tausch gebe es keinen Ausweg, ein Protest gegen die Übersiedlung sei völlig unmöglich und aussichtslos. Ich hatte aber erfahren, daß der dortige Hausbesitzer ein Ein-

spruchsrecht habe, wenn er Eigenbedarf anmelden könne. Eine Frau aus Köslin, die Interesse an meinem Mann gefunden hatte und daher sicher ein Nachkommen der Familie nicht begrüßte, wurde zum Hausherrn geschickt, der prompt Eigenbedarf anmeldete und damit den Tausch vereitelte – und dies scheinbar ganz ohne Zutun unsererseits!
Eines der vielen versenkten Flüchtlings-Schiffe aus Pommern wäre wahrscheinlich auch unser Schicksal gewesen.

Leben in der Kriegswelt (II)

Nicht nur die Grundnahrungsmittel mangelten. Auch alle Gewürze aus dem Ausland fehlten. So pries man die Kapseln der abgeblühten Kapuzinerblüte als „Deutsche Kapern“ an. Immer mehr solcher gänzlich unzulänglicher Ersatzpflanzen wurden nun als „deutsche“ Würzstoffe in den Handel gebracht, was aber wieder abgestellt wurde, als dieser Etikettenschwindel kein Lob brachte. Auch diese Dinge, so lächerlich sie sind, gehören zu den Kriegsfolgen.

Da sah ich einmal in der Krämerei in Waidach kleine Gebilde, die wie Lebkuchen aussahen und brotmarkenfrei waren. Natürlich kaufte ich sie und verzehrte sie auch gleich. Aber schon nach einer halben Stunde Aufstieg bekam ich entsetzliches Eingeweidegrimmen. Ich krümmte mich und konnte nicht mehr weitergehen. Noch während des folgenden Erbrechens hatte ich sofort den Eindruck, daß da etwas ganz Ungewöhnliches zutage kam, ähnlich einer Meerqualle. Tatsächlich bot es einen erstaunlichen Anblick. Es schien farbloses, durchsichtiges, geschmolzenes Glas! Sehr geschwächt wankte ich zum nächsten Hof, wo mich eine Schale mit warmer Milch und Ruhelage wieder halbwegs herstellten. Ich warnte vor dem Ankauf und knüpfte den Wunsch daran, der Chefchemiker, der diese Ersatznahrung gefunden habe, möge sie jeden Tag selbst essen.

Da Hühner und somit auch Eier eine große Kostbarkeit waren, kam mir der Einfall, etwas zu versuchen, wovon ich kurz zuvor gehört hatte: War es wirklich möglich, Hühner im Handumdrehen zu hypnotisieren? Als sie das ausgeworfene Futter gerade aufpickten, ließen sie sich leicht eine nach der anderen ergreifen. Ich hielt sie in der linken Hand, strich ihnen mit der rechten ein paarmal von oben nach unten über den Leib und sah sie dabei konzentriert an. Sehr schnell verdrehten sie die Augen und ließen die Flügel schlaff fallen. Und so legte ich sie, eine nach der anderen, vor die Haustüre; gleich einer Jagdstrecke lagen sie nun hier mit den gelben Füßen nach oben. Als Nani vor die Haustüre trat, stieß sie einen Schrekkensruf aus, denn sie glaubte, sie seien alle tot. Ich klatschte in die Hände – und die vermeintlichen Kadaver stoben gackernd davon.

Öfters mußte ich in den Lungau fahren, um dort in einer Mühle markenfreie Rollgerste kaufen zu können. Da gab es meist auch einen großen Laib Schwarzbrot. Die Zugverbindungen wurden immer spärlicher; mehr noch fehlten die Benzin verbrauchenden Autos. So gelangte ich auf einem Pferdegespann bis Hüttau. Wie aber sollte ich von hier bis Bischofshofen kommen, um dort den letzten Abendzug nach Salzburg zu erreichen? Nur auf dem kürzesten Weg war das zu schaffen; der aber führte durch den langen Eisenbahntunnel. Beim Durchstolpern in schwärzester Finsternis merkte ich bald, daß der schmale Zwischenraum zwischen dem Gleiskörper, dem entlang eine kniehohe Drahtleitung lief, und der Felswand des Tunnels immer schmäler wurde. Was war, wenn er gänzlich verschwand – und dann ein Zug kam? Und schon hörte und sah ich ihn herandampfen! Ich streifte den hindernden Rucksack ab, drückte mich ganz flach an die Wand und rechnete mit meinem Ende. Lokomotive und Waggons donnerten nur wenige Zentimeter vor meinem Gesicht vorüber – aber es hatte gereicht! Kohlschwarz vom Kontakt mit all dem Verrußten kam ich endlich in Freie.

Es gab nur mehr Spagate aus Papier, die den Eigenschaften ihres Materials folgend bei Feuchtigkeit sofort rissen. Schachteln und Kartons wurden zu einer gehorteten Seltenheit. Alle Fensterschützer waren längst zu Jankern verarbeitet worden, und mit den letzten Garnen, die man hatte, wurde geflickt und gestopft, was noch irgend möglich war. Trotzdem sollte man bei den Spinnstoffsammlungen alles dergleichen bei den Sammelstellen abliefern, und bissige Blockwartinnen beurteilten das Abgelieferte.

Auch wenn ein Herd zusammenzufallen drohte, wurde dies zu einem Problem. Kein Handwerker hatte noch genügend Arbeitskräfte. Und wo sollte er die Herdkacheln hernehmen? Ich erfragte die Möglichkeit, solche beim städtischen Bauhof fast umsonst zu bekommen, wo viele der in den Büros abgerissene Öfen lagerten. Ich lieh mir einen großen Hörnerschlitten aus, belud ihn mit dem seltenen Gut und zog das nicht geringe Gewicht nach Schallmoos zum Boten, der die Fracht nach Adnet beförderte. Mit großer Mühe fand sich schließlich ein alter Ofensetzer, dem ich den Lehm für die Arbeit selber beschaffen und auch schon verarbeitungsfertig vorrichten mußte. Also grub ich Lehm aus und schleppte ihn zum Haus. Worauf der Pächter sagte: „Den kann er nicht brauchen, den kannst danikeilen!“ – und brachte sogar selbst welchen her, der für den Ofensetzer brauchbar war. Aber siehe da, der Ofensetzer wollte nur meinen verwenden und fand den Lehm des Pächters „zum Danikeilen“. Es wäre wieder einmal Gelegenheit gewesen, diesem seine ungerechten Bemerkungen vorzuhalten.

Mit jedem Kriegswinter wurde der Mangel größer, Katzen und Hunde sah man immer seltener. Ich kaufte ein Schaf, das dann in der Herde des Pächters mitlief. Im Herbst mußte es sein Leben lassen, und ich doste es gleich oben auf dem Berg ein, denn wenn bei Hamster-Kontrollen nur eine einzelne Dose im Rucksack gefunden wurde, kam man nicht ungeschoren davon. Zu Hause aber war jede Fleischdose ein Fest! Auch hatten wir nun eigene Wolle, wenn sie auch noch viel Arbeit beim Waschen und Tartschen verlangte. Das Spinnen besorgte dann meine Tochter. Wie oft lag ich da abends schon im Bett und sah ihr dabei zu. Der Anblick war ebenso lieblich wie beruhigend, denn da saß am Abend in einer schwach erleuchteten, hölzernen Stube ein junges Mädchen und zupfte Härchen aus der Wolle, die sie zu einem Faden zusammenzwirbelte, begleitet vom gleichmäßig surrenden Geräusch des sich drehenden Spinnrades, das dem Unterbewußtsein vorgaukelte, das Leben müsse auch so gleichmäßig sanft verlaufen. Noch wälzte sich nicht das schreckliche Gekrache der nächtlichen Bombenabwürfe heran, und vor den Fenstern wußte ich die erhabene Sicht auf die geliebten Berge der Heimat.

Irgendwann fielen dann die ersten Bomben, dadurch begann auch die Zeit der Verdunkelung. Jeder Lichtschein aus den Häusern mußte durch Abdichtung der Fenster unterbunden werden, um den Fliegern die Orientierung zu erschweren. Aber sie kamen meist in mondhellen Nächten. Bei Tag halfen da Vernebelungen. Vom Berg aus bot dadurch das Salzachtal ein ungewöhnliches Bild, wie es von den grauen Schwaden durchzogen wurde.
Wie erschreckend waren die ersten großen Luftangriffe auf München! Da kamen von Westen her die nie erlebten, ungeheuren Luftdruckwellen herangedonnert und brachen sich am Alpenvorgebirge. Große Gebiete erzitterten unter den krachenden Luftwogen,

man fühlte sich plötzlich ohne Dach, der Krieg begann, sein wahres, ehernes Gesicht zu zeigen. Wie tönte es doch am Anfang aus allen Nachrichten? Der Krieg erwecke die besten Seiten eines Volkes. Tapferkeit und Opfermut werden geweckt, Hilfsbereitschaft und Zusammengehörigkeitsgefühl gestärkt. Ich merkte nichts davon! Jeder wurde noch egoistischer, um zu überleben. Der Neid auf andere, denen ein gewendetes Kleid den Anschein gab, Besitzer eines neuen Kleidungsstückes zu sein und daher über verbotene, geheime Quellen zu verfügen, nahm immer groteskere Formen an. Es prasselte Anzeigen an die Behörden. Besonders die Frauen wurden immer verbitterter, und die Kinder erzählten von der Beschaffenheit des Jausenbrotes der anderen Schüler.
Einer Schwangeren sahen die Leute kopfschüttelnd nach, und je mehr die patriotische Gesinnung nachließ, desto mehr Verordnungen kamen.

Mein Mann magerte derart ab, daß man ihn vom kalten Pommern ins freundliche Rheinland versetzte. Als aber die Alliierten in der Normandie landeten, zog man alle Nicht-Parteigenossen im Oktober 1944 zum Bau eines Westwalls ab. Beim Bunkerbau stürzte er durch ein mit Stroh verdecktes Loch auf den Betonboden des Untergeschosses und brach sich das Rückgrat an zwei Stellen. Man hielt ihn aber nicht für ernsthaft verletzt, sondern bloß für arbeitsunwillig und brachte den Bewegungsunfähigen erst nach zwei Tagen zu einem Arzt, der ihn sofort in Spitalsbehandlung einwies. Da aber im Rheinland schon alle Spitäler überfüllt waren, schickte man ihn auf einer Bahre in Begleitung einer Krankenschwester nach Salzburg. Die Reise dauerte wegen der bereits stark verbombten Bahnlinien dreieinhalb Tage. Alle Nächte waren im Freien zu verbringen, da damals schon alle

Bahnhöfe zerstört waren. Hier im Salzburger Spital rang man die Hände über die nun viel zu spät erst einsetzende Behandlung. Er konnte sich zwar später wieder langsam fortbewegen, aber sein Schlafzentrum im Gehirn hatte Schaden genommen, und so konnte er trotz schwerster Medikamente nicht mehr schlafen. Sein regelmäßiges nächtliches Kreisen in der Wohnung war auch für uns nervenzerreibend. Im April 1946 suchte er ein hoffentlich besseres Jenseits auf. Wann je hatte man in dieser Zeit einen Grund, auch nur zu lächeln?

Die zu verteidigenden Fronten wurden immer länger. Nun war es soweit, daß man auch Frauen, die keine kleinen Kinder zu versorgen hatten, zum Kriegsdienst zwangsverpflichtete. Ich stellte sofort die Hausgehilfin frei. Mein Sohn wurde ohne Gymnasium-Abschluß eingezogen. Mitten im Schuljahr hatten die Schüler samt den Professoren die große Ehre, für den Führer arbeiten zu dürfen. Sie waren in das Gebiet Obersalzberg-Roßfeld geschickt worden, um dort der Partei gehörende Almflächen zu jäten. Meine Tochter wiederum stand im Spitalseinsatz.

Ich selbst schilderte bei meiner Einberufung zur Kriegsdienstverpflichtung, wie äußerst notwendig meine Mithilfe auf dem Berg sei. Es nützte aber nichts. Man sagte mir, das ginge nur, wenn ich als Angestellte des Pächters oben fix gebunden wäre! Dann wäre aber im Haushalt alles drunter und drüber gegangen – ganz abgesehen von dem unmöglichen Verhältnis, eine Magd dieser Pächtersleute zu sein. Also wurde ich zum Fabriksdienst in der Gessele-Fabrik eingesetzt, halbtägig, von sieben Uhr früh bis ein Uhr nachmittags. Da ich kräftig war, wurde ich zum Fräsen eingeteilt – eine Arbeit, die man heute Frauen nicht mehr zumutet –, und das mit fast leerem Magen. Zu all dem mußte ich nachmittags immer stundenlang um die Lebensmittelrationen anstehen und übers Wochenende auf den Berg rennen. Auch oben war dann – bei einem Wasserrohrbruch oder dergleichen – immer schwere Arbeit zu erledigen. Einmal mußte ich da, noch mit dem Hut auf dem Kopf, sofort beim Dachdecken mit anpacken.

Die Fabriksarbeit dauerte dreieinhalb Monate, dann streikte das Herz. Ich schleppte mich zur amtsärztlichen Untersuchung in das Alte Borromäum. Dort traf ich eine Schar jammernder, kriegsdienstverpflichteter Frauen, die sich gegenseitig in der Schilderung ihrer Überbelastung übertrafen. Da aber alle Frauen tränengeladen und aufgeregt protestierend beim Amtsarzt hineinstürmten, hatte sich dieser eine probate Methode ersonnen. Im Wartezimmer wurde bekanntgegeben, daß man schon beim Eintreten die Zunge herausstrecken müsse – dadurch war das Klagen unmöglich gemacht. Ich trat ein, streckte die Zunge heraus und deutete nur auf mein Herz. Er untersuchte nicht lange, sah mich einen Augenblick lang stumm an und schrieb einen Befund, daß ich für immer vom Kriegsdienst zu entlassen sei. Da lag ich nun monatelang zu Hause, fast den ganzen Tag ohne Pflege und allein. Ich konnte vor Schwäche kaum stehen und fast nicht sprechen, knapp ein Jahr lang kam ich nicht auf den Berg. Und der Pächter konnte nach Herzenslust Bäume umschneiden – wenn auch nicht unbeobachtet von den Nachbarn.

Als ich nach dieser langen Zeit allmählich wieder gehen konnte, fand sich jemand mit Dienstauto, der mich nach Krispl brachte, von wo ich mich langsam zu meinem Anwesen schleppte – und dort natürlich völlig unerwartet ankam. Die Tür zu meinem Zimmer stand offen, drinnen nähte eine Berlinerin – das Versteck meines Zimmerschlüssels war ja bekannt. Die Inwohnerin packte ihre Sachen und verschwand lautlos.

Immer noch brauchte man immer noch mehr Soldaten und zog daher auch die bis jetzt geschonten Bergbauern ein, selbst wenn sie viele Kinder hatten. Man machte auch den Pächter darauf aufmerksam, daß es ihn treffen werde. Er hielt dies zwar für unmöglich, die Familie begann aber nun vor den Mahlzeiten zu beten, was ich vordem bei ihnen nie gesehen hatte. Als es dann wirklich zum Einrücken kam, trat seine Schwester als Hilfskraft ein. Man kann sich denken, was sich im Inneren des vorerst in das Lager Glasenbach Eingerückten abspielte! Zu Hause wartete die für Frauen allein nicht zu bewältigende Schwerarbeit, und dazu kam der Drill in der Kaserne. Und das ihm, der nie fremden Willen ertragen konnte! Am Abend ließ man diese Familienväter meist heimlaufen, aber früh am Morgen mußten sie wieder in der Kaserne sein. Wer die Entfernung von Glasenbach bis auf den Spumberg kennt – ungefähr fünfzehn gebirgige Kilometer –, kann sich vorstellen, was das nach einem Tag militärischer Übungen einem Körper abverlangte. Wenn man den Pächter da am späten Abend auftauchen sah, hatte sein Gesichtsausdruck wirklich etwas Erschreckendes. Und schon um halb vier Uhr früh hieß es wieder aufstehen, um pünktlich um sechs Uhr in der Kaserne zu sein. Als er dann mit den anderen Neuauszubildenden nach Landeck in Tirol versetzt wurde, geriet seine Frau in Panik! Da sie ohne jegliche Vorstellung von Reisen und Entfernungen und schon gar von den Schwierigkeiten des Reisens während des Krieges war, wollte sie nun alle ihre Kinder zusammenpacken und ihm nach Landeck folgen, um dort dem Lagerkommandanten zu Füßen zu fallen und ihn zu bitten, er möge ihren Mann doch nach Hause lassen. Wir alle bemühten uns, ihr das Unmögliche auszureden, wohl wissend, daß sie ja gar nicht vorgelassen werden würde. Nach endlosen, heftigst geführten Debatten konnten wir sie schließlich doch noch von der Fahrt abhalten.

Der Pächter kam dann schließlich nach Norwegen. Die Grenzen, die zu halten waren, reichten ja bis zur Wolga und vom Atlantik bis nach Kreta. Bei Kriegsende kehrte er unversehrt zurück, hatte aber gesehen, daß es noch erstaunlich viele andere Bauerngehöfte auf der Welt gab, was ihm den größten Eindruck machte. Hatte er doch (wie alle da oben) schon von den Oberalmern als „Ausländern" gesprochen! Seine Briefe nach Hause mußte er sich von Kameraden schreiben lassen, und auch seiner Frau gelang diese Art der Verständigung nur mit Hilfe seiner Schwester. Oft und anhaltend jammerte sie über das „bluadige [blutige] Geschäft" des Schreibenmüssens.

Ein anderer Hochberger kam vom Krieg nicht zurück. Wenige Monate vor Kriegsende konnte er noch einen Urlaub zu Hause verbringen. Er war ein ruhiger, ordentlicher Bauernsohn. Unbemerkt hatte er mir eine Weile vom Wald aus zugesehen, wo er im Anstand wartete. Er kam dann auf mich zu, um mir zu sagen, daß er noch nie jemanden so rasch arbeiten gesehen hätte. Wir kamen auf die Kriegslage zu sprechen. Offenbar hatte er schon gehört, daß ich verschwiegen sei, und so rückte er mit seinen schwerwiegenden Überlegungen heraus, denn sein Urlaub ging zu Ende, und bald mußte er zu seiner Truppe nach Jugoslawien zurück, in dieses besetzte Land, das mit Partisanen immer noch um seine Freiheit kämpfte. Er erkannte den Mangel an Nachschub für die Truppen im Balkan und die baldige Unhaltbarkeit dieses feindlichen Gebietes. Er ahnte, daß es für ihn eine Lebensfrage war, ob er zur Truppe zurückkehrte oder sich hier heroben bis Kriegsende zu verstecken suchte. Aber wie sollte das gelingen? Die Feldgendarmen würden ihn überall suchen. Eine Verpflegung von zu Hause aus (Promegg bei Krispl) war völlig unmöglich bei der schon seit langem üblichen gegenseitigen Beobachtung. In jedem Stadthaus mit vielen Parteien war man da vor Entdeckung sicherer als hier im Walde, da genügten schon ein paar Fußstapfen im Schnee oder der Rauch aus einer versteckten Hütte. Schließlich fuhr er doch wieder zu seiner Kompanie – und kam nie wieder. „Vermißt" war alles, was man hörte. Ein nützlicher Salzburger Bauer war verlorengegangen.

Inzwischen hatte man die „Formau-Alpe" als Straflager für arbeitsunwillige Fremdarbeiter beschlagnahmt. Ich schicke voraus, daß ich selbst nicht Zeugin der dortigen Vorkommnisse war, sondern nur immer entsetzte Berichte der Nachbarn hörte, was sie da zu sehen bekamen. Der Capo kam manchmal, um sich Bier zu holen, und es war eigentlich sehr interessant, was man da zu hören bekam, wenn er die in Schulungslagern der SS gehörten, sehr „großräumig" gedachten Zukunftspläne im Cäsarenton vortrug. Ich brauchte ja nicht zu antworten, da er sich sehr gerne reden hörte. Der kurze Sinn war der, das hiesige Alpengebiet sei nur als Menschenreservoir wichtig. Alle jungen Kräfte werde man in die Ukraine mit ihrem fruchtbaren, metertiefen Ackerboden bringen, wo sie mit deutschen Methoden dann das Reich zu ernähren hatten. (Von der dortigen Bevölkerung sprach er nicht.) Der Boden hier sei zu arm, um kostbares deutsches Blut armselig werken zu lassen. Mit Ausnahme der Talsiedlung sei alles wieder zu Forstgebiet zu machen. Aber als es dem Ende zuging und die alliierten Heere deutschen Boden besetzten, erkundigte er sich einmal, wann ich wieder da sei, und daß er mich sprechen wolle. Er erschien und wünschte, daß ich mit ihm auf die Ötz gehe. Nani und die Magd stierten uns nach. Ich dachte mir nur, was kommt denn jetzt wieder auf mich zu! War ich doch seit der Zeit der großen Herzschwäche nicht annähernd mehr so kräftig wie zuvor, weder physisch noch psychisch. Er eröffnete mir gleich, daß er sich durch die wankenden Fronten verunsichert fühle und sich für die kurze Zeit, bis die schon längst angekündigte Wunderwaffe eingesetzt werde, eine nicht frei sichtbare Unterkunft suche. Daher ersuchte er mich, ihn auf meinem Grunde eine Hütte bauen zu lassen. Ich sagte nur: „Schauen wir halt." Eine Ablehnung wäre unmöglich gewesen. Ich muß heute noch lächeln, was mir da in meiner Zwangslage alles einfiel, um ihm die von ihm vorgeschlagenen Plätze als wenig geeignet erscheinen zu lassen. So meinte ich bei dem einen, er sei zu weit von der Quelle weg, da man doch immer wieder Wasser holen müsse. Bei einem anderen schilderte ich ihm, daß hier ein Rutsch-Terrain sei, wo alles in Bewegung komme, wenn er nur ein paar Pfosten einschlage. Dann wieder zeigte ich ihm die gute Durchsicht auf einen öffentlichen Pfad, von wo man die Hütte und ihn bald entdecken würde, und so fort. Er wurde unsicher und wählte schließlich keinen bestimmten Platz.

Bei meiner Rückkehr sah ich hinter dem Fenster die beiden voll Erwartung spähenden Frauen. Ich war vorsichtig und sagte nur: „Er muß es sich noch überlegen." Sie mußten aber schon erraten haben, worum es sich da drehte, denn sie konnten sich (so wie ich) nicht genug wundern, daß er glaubte, hier in unmittelbarer Nähe des Straflagers, wenn auch „im Wald“, über längere Zeit hinweg unentdeckt zu bleiben.

Wenn ich an die beiden denke, fällt mir immer jene halbe Stunde ein, während der der Briefträger, der zweimal in der Woche heraufkam, hier sein Bier trank und seine Tasche offen auf dem Tisch liegen ließ. Die beiden stürzten sich geradezu darauf und versuchten herauszubekommen, wer denn da heroben – und von wem – Post bekomme. Das Schreiben an sich war ja schon etwas so Verdächtiges und Mühseliges, daß nur sehr Interessantes dahinterstecken konnte. Ein an eine Bäuerin adressierter Brief wurde da stets so kommentiert: „Da schreibt ihr einer!“ Oder eine Feldpostkarte an „eine“ – die zu entziffern man sich bemühte – gab noch lange nach Weggang des Briefträgers Gelegenheit zu langdauernden Vermutungen.

Der gesamte Zugsverkehr geriet durch die fortwährenden Luftangriffe ins Stocken. In den hintersten, klappernden Waggons zog es erbärmlich, da die fehlenden Fensterscheiben oft nur durch Holzplatten ersetzt worden waren. Die gestohlenen, ledernen Fensterzugriemen konnten nicht mehr ergänzt werden. Eines Abends, es war schon dunkel, kam ich an die Haltestelle Parsch und war gerade dabei, auszusteigen, um von hier nach Hause ins Nonntal zu gehen, da bemerkte ich trotz Regens und mondloser Finsternis und natürlich ohne Beleuchtung, daß hier statt eines Bodens so etwas wie ein Abgrund war. Ich zögerte, denn ich war allein im letzten Waggon und daher ohne Zeugen. Ich nahm den schweren Rucksack ab und warf ihn hinunter – der klatschend verschwand. Ich zögerte noch immer, aber da setzte sich der Zug in Bewegung, also sprang ich doch hinunter. Ich fiel in einen offenbar am selben Tag entstandenen, tiefen Bombentrichter, über dem man nur provisorisch das Gleis geflickt hatte. Im Wasser suchte ich meinen Rucksack und krabbelte heraus, ohne mir einen Knochen gebrochen zu haben. Vollkommen durchnäßt und mit doppelt schwerem Rucksack kam ich nach Hause. Aber man war ja damals schon ganz abgestumpft gegen Beschwernisse, denn fast jeder Tag brachte neue.

Inzwischen hatte ich im Februar 1945 mein zweites Verhör im Franziskanerkloster zu überstehen, das dreieinhalb Stunden dauerte und von vier Gestapobeamten gleichzeitig geführt wurde. Ich werde später ganz kurz darauf zurückkommen.
Da es dann bei Gericht deswegen bis zur Sondergerichtsverhandlung kam, der Staatsanwalt aber wegen dem zu hohen Strafausmaß Einspruch erhob, mußte der Akt zum Oberlandesgericht nach Innsbruck geschickt werden. Bei Bestätigung des Urteils wäre ich wegen der Höhe der Strafe ins KZ gekommen. Mit dieser bedrückenden Erwartung lebte ich nun bis Kriegsende.

Leben in der Kriegswelt (III)

Wie schon erwähnt, hatte ich bereits in den Jahren 1938 und 1939 durch italienische Arbeiter, die in den Adneter Steinbrüchen beschäftigt waren, von den merkwürdigen Schächten und Aufzügen gehört, die im Inneren des oberhalb von Berchtesgaden gelegenen Obersalzbergs unter großem Zeitdruck angelegt wurden. Was man da hörte, klang so gar nicht nach der Ausgestaltung bloß eines Erholungsgebietes für den Führer und die Parteileitung. Diese geheimen Vorbereitungen deuteten auf nicht öffentlich mitgeteilte Pläne hin. Da nun die Alliierten vom Westen her bereits über den Rhein ins deutsche Kernland eindrangen und die Russen sich Berlin näherten, von wo aus Hitler die Befehle gab, wurde ein sicheres, entlegeneres Befehlszentrum notwendig. Diese „Alpenfestung" mit ihrem Zentrum, dem Obersalzberg, umfaßte als eigentliches Kerngebiet die Bergwelt zwischen Paß Lueg (an der Grenze zum Salzburger Pongau) – Berchtesgaden – Lofer – Saalfelden – Bischofshofen und zurück zum Paß Lueg. Ich hörte aber niemanden davon sprechen, und die Zeitungen schwiegen natürlich darüber, nur im Radio tauchte immer wieder die Vermutung auf, daß sich das weichende deutsche Heer und besonders die SS-Truppen in das hiesige Gebiet zurückziehen würden. So hatten sich schon die Generäle aus der zusammengebrochenen Südfront auf die „Kallbrunn-Alm" hoch oben beim „Steinernen Meer" geflüchtet, wo sie dann gefangengenommen wurden. Diese Kallbrunn-Alm liegt im Gebiet der Alpenfestung. Vorgreifend sei erwähnt, daß am 8. Mai 1945 Feldmarschall Göring von den Amerikanern im Schloß Fischhorn verhaftet wurde. Auch er hatte sich aus dem ihm vertrauten Mautern-

dorf im Lungau am Südpunkt dieses Zufluchtsgebietes abgesetzt. Die Südgrenze dieses Kerngebietes bildete die Linie Zeller See - Salzach - Schwarzach - Bischofshofen. Am Ende des Krieges kam es dann auch im Raum Zell am See - Kitzbühel zu einer außerordentlichen Zusammenballung von hierher befohlenen Truppen.
Der Leser wird sich fragen, was dies alles mit den Erinnerungen an die zehn Jahre meines Almbesitzes zu tun hat. Da dieses Almgebiet aber genau gegenüber dem Roßfeld liegt, das sich seinerseits in unmittelbarer Nähe des Obersalzbergs befindet, wäre auch das Adneter Gebiet beim Schlußkampf zur unmittelbaren Kampfzone geworden; ebenso wie das Gebiet von Nonntal schutzlos offen vor jener Alpenfestung lag. Daher war die Verkündigung, daß der Endkampf nicht auf hiesigem Boden ausgetragen werde, für mich von so ungeheurer Wirkung.

Der Obersalzberg ist vom Süden her durch das Massiv des Hohen Gölls vollkommen gesichert, aber gegen Norden und Osten nicht. Da liegt er gegen Salzburg offen da. Seine Belagerung war daher nur aus dieser Richtung zu erwarten, die Beantwortung dieser Belagerung wäre das Ende von Salzburg gewesen, denn im Süden der Stadt hätten die Alliierten Stellung bezogen. Dagegen hätten die Belagerten große Kavernen und Munition im sicheren Fels gehabt. Dadurch wurde der Gedanke an die Alpenfestung seit dem Eindringen der Alliierten zu einem ständigen Alptraum.

Als ich da einmal gerade durch den „Ritzerbogen“ ging, verkündigte ein Lautsprecher die Nachricht, daß der Führer und sein Stab in Berlin im Hauptquartier bleiben würden, um von dort aus die Niederwerfung der Eindringlinge zu leiten. Eine fröhliche Marschmusik beendete diese Nachricht. Welch unvergeßlicher Augenblick war das, als ich da endlich zum erstenmal die Pflanze der Hoffnung keimen spürte; ein Mühlstein fiel mir vom Herzen.

Noch aber bestand diese Alpenfestung, bis ich am 25. April 1945 Zeugin des gewaltigsten Anblickes meines Lebens wurde. In „Episoden aus Salzburgs Vergangenheit" habe ich dieses gewaltige Schauspiel vom Ende der Alpenfestung schon einmal beschrieben – ich will es daher hier nicht wiederholen, wenngleich mir das Geschehen noch heute wie damals plastisch vor Augen steht.

Wieviel wäre noch zerstört worden, wenn der Endkampf wirklich hier ausgetragen worden wäre! Durch die Vernichtung der Alpenfestung gab es für den Führer kein Ausweichgebiet mehr, das Ende war dadurch viel rascher gekommen. Noch jetzt, so viele Jahrzehnte danach, denke ich beim Durchschreiten des „Ritzerbogens" fast immer an das Unvergeßliche jener Verlautbarung.

Die Geschäfte aber waren leer. Um noch etwas Eßbares für die so ungewissen kommenden Tage nach Hause zu bringen, mußte ich trotz fehlender Fahrmöglichkeiten nach oben auf den Berg. Mit einem tiefen Seufzer und zusammengebissenen Zähnen machte ich mich auf den weiten Weg. Mit der Roten Elektrischen kam ich aber nur bis St. Leonhard, knapp außerhalb des Salzburger Stadtgebietes. Bei Rif – zwischen Salzburg und Hallein – hatte man eine Straßensperre aus Balken errichtet, um den amerikanischen Panzern das Eindringen unmöglich zu machen; eine geradezu kindliche Idee, dies mit ein paar Holzbalken erreichen zu können. Und am Adneter Gries begegnete ich ganz furchtbaren Jammergestalten. Man hatte gerade das dort befindliche Lager der Zwangsarbeiter geöffnet, da es überhaupt nichts mehr zu essen gab und sich die Wachmannschaften verflüchtigt hatten. Die armen Freigelassenen wankten mit vor Schwäche irren Augen umher. Am Riedl trat ich in ein mir bekanntes Bauernhaus, und die Bäuerin stellte mir einen Teller mit unbeschreiblich duftender Fleischsuppe und einem Knödel hin. Da ging die Tür auf, und herein stolperte ein junger Mann – oder das, was von ihm nach langer Entbehrung übriggeblieben war; auch er war einer dieser „Frei"gelassenen. Die Bäuerin bedeutete ihm, daß sie nichts mehr habe. Ich schob ihm meinen Teller hin. Es war ein Italiener, und ich fürchte, daß er trotz dieses Tellers Suppe nicht mehr lebend heimgekommen ist, doch hatte ich kein Gramm Eßbares im Rucksack, das ich ihm hätte mitgeben können. Als er soweit gestärkt war, um wenigstens wieder sprechen zu können, erzählte er mir, daß noch vor kurzer Zeit zwei Istrianer aus Confanaro im Lager gehenkt worden seien, weil sie rasend vor Hunger einen Esel erschlagen, sein Blut getrunken und das Fleisch noch roh verzehrt hatten.

Beim Aufstieg fand ich alle Gehöfte versperrt, weil drinnen große Angst herrschte, da der Geschützdonner immer deutlicher hörbar wurde. Jener Bauer, der zu Beginn des Krieges hatte einrücken müssen und dann in die Heilanstalt gekommen war, traute sich nun nicht mehr vor die Haustüre und verkroch sich. Schon während dieses Aufstiegs beschäftigte mich die Frage, welchen Weg ich am nächsten Tag für den Rückweg einschlagen sollte, denn überall sprach man davon, daß die Sprengung aller Brücken geplant sei, um den Vormarsch der Alliierten aufzuhalten. Wie sollte ich dann noch nach Hause kommen? Denn ein-

mal mußte ich ja irgendwo über die Salzach gelangen. Da blieb nur der Weg über das Wiestalwerk zur Glasenbachklamm und durch den Gaisbergwald; denn auf den Straßen konnte man sich beim Truppeneinmarsch nicht mehr zeigen. Mit etwas Milch und Butter machte ich mich also an das so unüberschaubare Unternehmen des Heimweges. Ich beschloß, doch nicht in Richtung Wiestalsee zu gehen, sondern ins Tal hinunter, denn man hatte keine so starke Detonation gehört, wie sie eine Brückensprengung verursacht hätte.
Für jeden herrschte nun größte Ungewißheit, was die nächsten Stunden und Tage bringen würden, ob es sich dabei nur um die Wahl des Heimweges handelte oder um Entscheide des Heereskommandos in Salzburg über Befolgung oder Nichtbefolgung der einlangenden Befehle zu Sprengungen. Jede Entscheidung konnte schwerwiegendste Folgen bringen. Doch anders als im Tal, wo das Chaos herrschte, war dies oben auf über 1000 Metern Höhe nicht spürbar. Im Tal gab es wenn auch keine Nachrichten, so doch die Gerüchte. Dadurch glaubte man, Kommendes erkennen und ihm vorbauen zu können. Von hier heroben aber zeigte sich – außer dem fernen Kanonendonner – der Anblick des Salzachtales ganz unverändert. So befremdend war das, daß man die sonst so geliebte Natur auf einmal als ganz teilnahmslos empfand und sich selbst und alle anderen als nicht angenommene Lebewesen, deren Tun sich nur störend und zerstörend auswirkte. Nicht anders als zu anderen Zeiten sah ich die Salzach dahinfließen und all die Wiesen und Wälder im Sonnenschein liegen. Die Landschaft wenigstens bleibt – auch wenn der Mensch immer wieder neue „Heilsideen“ ersinnen wird!
Als ich mich in einem Anwesen bei den Bauern erkundigte, ob sie etwas über Veränderungen im Tal gehört

hätten, traf ich dort jene Bäuerin, die als einzige mit ihrer Tochter stark ins Gerede gekommen war – wegen der sich dort häufig aufhaltenden SS-Bewachungsmannschaft des Straflagers. Ich sprach von meiner Erleichterung, daß nun endlich das Ende gekommen sei. Sprachlos hörte das primitive Weib solche Reden und schrie dann, daß sie mich gleich anzeigen werde, und da würde ich schon etwas erleben! Ich stand auf und wünschte ihr geruhsame Nächte. Ihr Mann ließ sich in der Folge übrigens von ihr scheiden, was in diesen Kreisen einen singulären Fall bedeutete.

Sowohl die Kaltenhausener Brücke als auch jene bei Rif standen noch unversehrt. Letztere wurde erst am nächsten Tag gesprengt. Auch die Rote Elektrische verkehrte noch. An jeder Station stiegen nun jubelnde Fremdarbeiter ein, die einander durch eine „V"-bildende Fingerstellung freudigst begrüßten. Ein bekannter Parteigenosse, der allerdings kein Parteiabzeichen mehr trug, stieg ebenfalls ein, riß angesichts des V-Grußes die Augen auf – aber er schwieg.

Nach der politischen Umwälzung erschien eines Abends bei mir auf der Alm, lautlos und bei Dunkelheit, eine bekannte Halleiner Familie, die sich politisch-völkisch sehr hervorgetan hatte. Sie baten, ob sie hier übernachten dürften. Die Pächterin kam zu mir und fragte, ob ich die drei oder vier Personen aufnehmen würde. Ich ging hinunter und sah sie mir an – und da erkannten wir einander. Ich überlegte kurz, ob ich auch so unduldsam sein sollte wie sie. Wie ich später einmal erfuhr, waren sie in eine schon vor langer Zeit errichtete Hütte in der hinteren Gaißau geflüchtet, waren von dort aber entweder vertrieben worden oder hatten sich nicht mehr sicher gefühlt. Es hieß auch, man habe, als man sie dort suchte, Berge von gehorteten Lebensmitteln gefunden. Wir saßen dann in meinem Zimmer bei einer Kerze und schwiegen lange. Schließlich drängte es mich aber doch, die noch vor kurzem so Hundertprozentigen zu fragen, ob sie es denn wirklich für richtig fanden, daß durch den Wahn der vergangenen Jahre ein Land nach dem anderen überfallen und verwüstet worden sei. Sie aber schwiegen und verschwanden am nächsten Morgen so lautlos, wie sie gekommen waren.

Das Ende

Bald erblickte man auch auf dem Spumberg Vertreter der amerikanischen Besatzungsmacht, die da das Holzhaus eines Berliner Bankiers durchsuchten. Er hatte es in den Kriegsjahren als Ausweichaufenthalt für seine Familie gekauft. Sein Bub hatte sich ein kleines Segelflugzeug zusammengebastelt. Hier heroben war das eine gänzlich unverständliche, verdächtige Tätigkeit. Eine Anzeige mußte erfolgt sein, denn nun kamen Amerikaner mit Jeeps herauf, um die Sache zu untersuchen; sie vermuteten nämlich überall geheime Teilanfertigungen der im Radio immer wieder angekündigten Wunderwaffe, die bald den Endsieg bringen würde. Sie sahen natürlich gleich, was für eine Bewandtnis es hier mit der Gefährlichkeit hatte, und Heiterkeit war die Folge. Heiter war auch das Urteil der Leute über sie: „Net amal deutsch reden können s'!" Als man dann aber noch andere amerikanische Soldaten zu Gesicht bekam und bemerkte, daß sie stets von stark geschminkten, sehr verdächtig aussehenden Mädchen begleitet wurden, schadete das ihrem Ansehen sehr. Sogar mich fragte man da vorwurfsvoll, was denn das für „Bessane" (bessere Menschen) seien, die sich „so einen Mist aufzwickten"!

Die Bauern drängten mich nun, den ehemaligen Ortsbauernführer wegen meiner politischen Verhaftung anzuzeigen, die ja er betrieben hatte. Da ich mich strikt weigerte, es zu tun, reichten sie selbst die Anzeige ein. Ich wurde daher vor Gericht vorgeladen, um mich darüber zu äußern, schob aber alle Schuld auf den kurz vor Kriegsende verstorbenen Ortsgruppenleiter, denn der hatte die Anzeige zur Gendarmerie gebracht.

Schon bald nach seinem Begräbnis ging übrigens eine makabre Scherzerzählung um. Man sagte, man müsse ihn wieder ausgraben, denn er hatte bei seinen Ansprachen immer wieder verkündet, den Endsieg schon in der Tasche zu haben – und man habe den Zettel versehentlich mit seinem Rock mit eingegraben.

Aber wie schwer hatte das Schicksal den Ortsbauernführer getroffen. Sein einziger Sohn war gefallen. Als man ihm das mitteilte, fiel er in Ohnmacht. Kaum minder hatte es seinen Zeugen, einen kräftigen Bauernburschen des dortigen Gebietes, heimgesucht. Beim Wachestehen in Rußland waren ihm beide Beine abgefroren und mußten ihm abgenommen werden. Bei der Einvernahme sagte ich, daß ich gar nichts mit Vergeltungsmaßnahmen zu tun haben möchte, worauf die Richterin seufzend die Füllfeder hinlegte und sagte: „Wenn nur alle so denken würden!" Da der ehemalige Ortsbauernführer aber immer noch Vergeltung fürchtete, schickte er mir einen mir befreundeten Bauern mit einem riesigen Rucksack voll Eßbarem: ein Viertel von einem Kalb, ein Kilogramm Butter und ähnliches. Bei den jämmerlich kleinen Rationen, die man zugewiesen bekam, wäre der Inhalt eine große Hilfe gewesen, aber als Tauschgeschäft für das Vergangene war er unannehmbar! So mußte ihn der Übermittler ächzend wieder zurücktragen.

Nach dem Tod meines Mannes im Jahre 1946 hätte ich laut Pachtvertrag die Möglichkeit gehabt, diesen zu lösen. Doch es herrschte immer noch bedrückender Mangel an Lebensmitteln und auch große Unsicherheit darüber, was die Zukunft bringen würde.
Lange Zeit trug ich mich mit dem Gedanken an einen Tausch gegen eine Liegenschaft nahe der Stadt, doch

ließ sich das nicht verwirklichen. Da erschien eines Tages ein Mann in dieser Angelegenheit bei mir. Ich kannte ihn zwar nicht vom Sehen, ließ ihn aber dennoch herein; das hätte ich wohl nicht tun sollen, denn als er mir schließlich seinen Namen nannte, wußte ich, daß ich den übelst beleumundeten Menschen der ganzen Umgebung hereingelassen hatte. Diese eine Stunde, die er da saß und mich unter wüstesten Drohungen anherrschte, ich müsse ihm mein Anwesen geben, werde ich nie vergessen. Dabei gehörte das Objekt, gegen das ich ihm meinen Besitz überlassen sollte, noch nicht einmal ihm, sondern er sprach nur davon, daß es „so viel wie sein" sei. Die Wahrheit sah so aus, daß er lange Zeit in Untersuchungshaft gesessen war, weil er des Mordes an einer Verwandten verdächtig war, deren Anwesen er zu erben hoffte, die aber von selbst noch nicht hatte sterben wollen. Er legte kein Geständnis ab – wohl aber seine Frau. Dennoch war er aufgrund der damaligen politischen Verhältnisse in Hallein ohne Verurteilung freigekommen, und zwar mit der Begründung: „Ein Illegaler macht so etwas nicht!" Oft hatte ich von diesem Mann reden gehört, und nun saß er bei mir. Doch auch dieser Kelch ging irgendwie an mir vorüber, und der Besitztausch fand nicht statt.

Ich erfuhr, daß man ein Gesetz vorbereitete, das bei einem zehn Jahre bestehenden Pachtverhältnis dem Pächter das Vorkaufsrecht einräumte. Somit war Eile geboten, und ich ging vom Gedanken des Tausches ab und mußte mich wohl oder übel um den Verkauf des Anwesens bemühen. Als erstes verweigerte ich die Annahme des Pachtgeldes, um das Pachtverhältnis nicht weiter zu verlängern. Dies obwohl der Pächter gar nicht die Absicht geäußert hatte, selbst kaufen zu wollen; denn erstens hatte er kein Geld, und zweitens

lebte er durchaus in der Vorstellung, ich würde ihm das Ganze sowieso halb geschenkt überlassen, wenn er mich erst hinausgeekelt haben würde.
Es kamen Kaufbewerber, doch sie boten viel zu wenig. Trotzdem es nun also ernst zu werden schien, wurde der Pächter immer noch nicht initiativ. Da griff schließlich sein Vater, ein strenger, aber kluger und erfahrener Bauer, ein. Dieser hatte die ihm gehörende Formau-Alpe seinem Sohn schon vor Zeiten als Geschenk angeboten, weil er ja merkte, daß die Pacht hier nicht von Dauer sein konnte und überdies der Filius als Wirt nicht viel taugte. Der aber lehnte es ab, hinauf zu übersiedeln, da er sich immer noch fest einbildete, ich würde schon „agehen". So bekam die Formau sein älterer Bruder.

Ich mußte nun auf die Bezirksbauernkammer in Hallein, wo ich erfuhr, daß mein Pächter auch schon hier gewesen war, um gegen den geplanten Verkauf zu intervenieren. Doch man hatte ihm dort alles vorgehalten, was über ihn auch den Behörden schon bekannt geworden war. Ich sah voraus, daß nun seine Frau bei mir in der Wohnung erscheinen würde, um mich umzustimmen und vom Verkauf abzubringen. Daher ergriff ich gemeinsam mit meiner Tocher gleichsam die Flucht: Wir mieteten uns für zwei Tage in „Mariabad" ein und waren einfach nicht anwesend.

Die eine Nacht dort war übrigens auch nicht gerade ruhig und der Entspannung zuträglich; es war nämlich die „Philippi-Nacht" – die letzte im April –, in der einer alten Tradition gemäß von den jungen Burschen allerhand Ulk getrieben wird. So brachten sie zum Beispiel heimlich einen Wagen aus der Tenne, zerlegten ihn in seine Einzelteile und setzten diese auf dem First des Daches wieder zusammen, so daß der

Bauer am Morgen seinen Wagen oben auf dem Dach stehen sah. Die Frau des Pächters war tatsächlich gekommen und hatte den ganzen Tag vor dem Haus auf mich gewartet – vergeblich.

Noch am Tag, an dem im Realitätenbüro der Kaufvertrag unterzeichnet wurde, war um sieben Uhr morgens der Pächter samt Bürgermeister und einiger Gemeinderäte bei mir erschienen, um mich darauf aufmerksam zu machen, daß er trotz Verkaufs weiterhin das Mietrecht habe. Das war ein unerwartetes Hindernis; doch ich vergewisserte mich gleich beim Bürgermeister, ob dies bei abgelaufenem Pachtverhältnis auch für den Stall gälte. Der Bürgermeister aber meinte: „Den Stall, ja den muß er räumen." Damit war für mich alles geklärt – denn was sollte er ohne Stall, also ohne Viehhaltung dort oben tun?
Da er nun nirgends mehr Platz für das Vieh hatte, gab es keinen anderen Ausweg für ihn, als in die vom Bruder mittlerweile verkaufte Formau hinaufzuziehen – aber als Pächter einer Alm, deren Besitzer er noch kurze Zeit zuvor durch Schenkung hätte werden können! Welch tückische Fügung des Schicksals: Ich hatte gehen müssen – aber er auch.

Oben auf der Formau lernte er nun einen ganz anderen Verpächter kennen, denn dieser war weithin als sehr grob bekannt. Ich weiß nicht, wie es da oben weiterging, ich hörte aber von Bekannten, daß der neue Besitzer nie mehr ohne Revolver ausging, den er auch des Nachts stets in Griffweite hatte. Die Sache muß schließlich unhaltbar geworden sein, und so schenkte der Vater seinem unglückseligen Sohn ein Stück Grund von seinem Hauptanwesen, auf dem nun ein Haus und ein Stall für ein paar Kühe errichtet wurden. Übrigens erzählte man mir mit einigem Behagen, daß der Pächter zum Übersiedeln seiner ganzen Habe nur einen einzigen Leiterwagen benötigt hätte. Somit waren zu dem Inventar, mit dem er zehn Jahre zuvor bei mir eingezogen war, nur ein Kasten und jene Kommode, die ich ihm geschenkt hatte, dazugekommen. Er war und blieb ein Viehhüter, der – wenn er überhaupt einmal redete – mit Überzeugung erklärte, das Schönste im Leben sei es, auf der Weide zu sein und dem Vieh zuzusehen, wie es fresse. Das ist das Glück einer Lebensform, die keine Möbel braucht!

Mit dem Erlös aus meinem Almbesitz eilte ich schleunigst zum Rechtsanwalt, um eine zum Verkauf stehende Bombenruine auf dem Mönchsberg zu erwerben, für die ich schon einen Kaufvorvertrag geschlossen hatte. Dort aber erfuhr ich, daß in der Zwischenzeit eine andere Interessentin die von mir aufgebrachte Summe um die Hälfte überboten hatte; nach geltendem Recht könnte in diesem Fall der Verkäufer aus dem Vorvertrag aussteigen. Ich wurde blaß.

Da der Rechtsanwalt diese Entscheidung nicht treffen konnte, hinterlegte ich mein Geld bei ihm und fuhr sofort in das Kloster Michaelbeuern, denn sein Besitztum war es, das ich da erwerben wollte. Dort trug ich dem Abt meinen großen Schrecken über die veränderte Lage vor. Stumm hörte er mir zu, um dann mit einem tiefen Seufzer zu antworten: „Wir würden diese höhere Summe dringend brauchen, weil wir die Kirche in Maxglan, die von uns betreut wird, vergrößern müssen. Aber – wo käme die Welt denn hin, wenn man nicht zu seinem Worte steht!“

Eine in der Jetztzeit geradezu unglaubliche Antwort! Nach zehnjähriger Erfahrung andauernder Schädigungsabsicht gab sie mir dringend benötigte, neue Kraft.

Zum letztenmal absteigen

Erst nachdem der neue Besitzer eingezogen war, stieg ich noch einmal auf den Berg, um letztes Inventar aus meinem Zimmer zu holen. Ein paar Möbel waren schon nach Adnet verfrachtet und von dort wieder heimgebracht worden. Mit viel Mühe hatte ich zehn Jahre zuvor in meinem Zimmer die braunen Balkenwände mit Drahtbürste und Spachtel von den vielen Überkalkungen gereinigt. Nun würde man sie sicher wieder anwerfen. Hatte es dafürgestanden, sie wegen zehn Jahren abzukratzen? Völlig undramatisch verlief die letzte Nacht.

Am nächsten Morgen war es dann soweit. Zerbrechliches hatte ich wegen des extrem holprigen Weges in Wäsche gepackt. Als ich den Rucksack aufhob, erschrak ich. Würde ich ihn bis nach Hallein tragen können? Und so schlug ich den steilen, aber kürzeren Weg nach Waidach ein. Weder vor dem Haus noch an der Grundgrenze drehte ich mich um, denn ich hatte keinerlei Verlangen, einen letzten Blick zurückzuwerfen.

Es war ein trüber Märznachmittag. Das Gewicht des Rucksacks war ungeheuerlich. Erstaunt hörte ich meine Knie bei jedem Schritt laut knirschen. Ein rascher Blick auf die Berge – aber nein, ich wollte nichts mehr sehen, und schon gar nicht Erinnerungen aufsteigen lassen. Auch konnte ich mich nicht entschließen, irgendwo eine Haustür zu öffnen, um mich zu verabschieden, obwohl mir die Menschen hier überall gezeigt hatten, daß sie gerne mit mir redeten.

Es war doch immer eine letzte, unüberbrückbare Kluft zwischen uns geblieben. Nicht nur durch den Bildungsunterschied, sondern auch, weil ich so vieles

unternahm, was zum Aufgabenbereich eines Mannes gehört. Deutlich zum Bewußtsein kam mir das, als ich nicht lange zuvor mit einem von ihnen zu einer mir unbekannten Hausmühle gegangen war. Er, der sonst gerne scherzte, hatte beim Betreten der Mühle automatisch eine sachliche Strenge angenommen, denn hier begann der ausschließliche Bereich des Mannes. Alle Reparaturen im Getriebe, das Heben der schweren Mehlsäcke, die Ausräumung des vermurten Wasserzulaufes waren schon rein körperlich Männerarbeit. Jahrhundertelang hatte man hier das selbstangebaute Getreide gemahlen, dann das Mehl zum Haus gebracht, wo es die Frau zu Brot backte. Bei aller Romantik solch alter Hausmühlen am rauschenden Bach zeigte ihr Inneres stets nüchterne Strenge durch das nur rein dem Zweck dienende Gerät. Die Mühle ist der Pfahl fester Ordnung zwischen den Aufgaben des Mannes und jenen der Frau. An all diesen Ordnungen, die seit Jahrtausenden männliche und weibliche Aufgaben trennten, durfte man nicht rühren! Doch was, wenn man in Notzeiten als Frau schier alles übernehmen mußte?
Genug davon – sollte ich mit diesem ungeheuren Gewicht am Rücken schon wieder solche Gedanken wälzen? Es war schließlich vorbei!

Als ich bei Dämmerung durch das damals noch unverbaute Waidacher Moos kam, begann es zu schütten. Auf dem Weg zum Riedl hinauf kam ich zu einer Engstelle zwischen zwei Felsbrocken. Der schmale Weg war hier zu einem Bachbett geworden, und hier im Wald herrschte inzwischen schon Finsternis. Ich glitt aus und stürzte gerade in dieser Engstelle. Da ich physisch und psychisch völlig erschüttert war, konnte ich mich nicht mehr erheben. Gleichgültig lag ich in dem Sturzbach mit dem Eindruck, völlig verlassen unter einem Felsblock zu liegen. Irgendwann muß ich mich dann aber doch hochgezogen und den weiteren Abstieg bewältigt haben. Dabei schleppte ich mich, ohne anzuklopfen, am „Tschusi-Schlößl“ vorbei, wo die Schwester meiner Mutter wohnte, denn ihr Mann, ein radikaler Parteigenosse, hatte mir hier vor zehn Jahren die Tür gewiesen, als ich als Grund für den Kauf der Almwirtschaft angab, sicher mit dem baldigen Ausbruch eines Krieges zur rechnen – obwohl so viele andere an das Kommen des 1000jährigen Reiches glaubten. An eine Weiterfahrt von Hallein nach Salzburg war in meinem Zustand nicht mehr zu denken. Ganz dunkel erinnere ich mich noch an die erschreckten Gesichter im „Hotel Stern“ in Hallein, als ich klatschnaß und erdverschmiert hereinwankte und um ein Zimmer bat.

Es war dies der wenig krönende Abschluß meines zehnjährigen Alm-Abenteuers.

M. Münster/W. Thuswaldner
SALZBURG –
FEST UND ALLTAG
144 S., 120 Farbabb., öS 348,–/DM 49,–

W. Pölzl/F. P. Enzinger
FLACHGAU – SALZBURGS
LIEBLICHER VORGARTEN
120 S., 80 Farbabb., öS 348,–/DM 49,–

C. M. Hutter
TENNENGAU – KLEINOD
AM FUSSE DER ALPEN
102 S., 77 Farbabb., öS 348,–/DM 49,–

R. Schmid/Ch. Wagner
PONGAU – PORTRÄT EINER
POETISCHEN LANDSCHAFT
132 S., 101 Farbabb., öS 348,–/DM 49,–

W. Pölzl/W. Retter/M. Effenberger
PINZGAU –
LAND INNER GEBIRG
132 S., 81 Farbabb., öS 348,–/DM 49,–

C. M. Hutter
LUNGAU – ÖSTERREICHS
SONNENBECKEN
106 S., 81 Farbabb., öS 348,–/DM 49,–

GRASMAYR ALOIS

VOM REICHTUM DER ARMUT

Eine Autobiographie

168 Seiten, kartoniert, 20,5 × 12,9 cm
S 198,–/DM 29,80
ISBN 3-85338-187-1

Das Loblied vom armen Leben singen meistens die Reichen. Und nicht selten klingt das in den Ohren der wirklich Armen wie Hohn: Wer alles hat im Überfluß, kann leicht von kleinen Dingen schwärmen. Wem aber *nur* die kleinen Dinge offenstehen, der sieht die Sache etwas anders. In diesem Spannungsfeld ist Alois Grasmayr ein sonderbarer Einzelfall geblieben. Der Kleinbauernsohn und langjährige Dorfschullehrer war durch Heirat längst zum Hotelbesitzer und Millionär geworden, hatte ein halbes Leben in Wohlstand, ja Reichtum verbracht – und schreibt am Abend seiner Tage diese Lebensrückschau, die in keiner Zeile Zweifel läßt an dem, was dieses Leben wirklich reich gemacht hat: das alte Vaterhaus, die bäuerliche Heimat, große Freude am Lehrberuf, an ausgedehnten Radreisen. Hier ist ein ehrliches Buch, das ohne falsche Romantik vom Wesentlichen im einfachen Leben erzählt.